Webアプリケーション構築入門 第2版

実践！Webページ制作からマッシュアップまで

佐久田 博司 [監修] ／ 矢吹 太朗 [著]

森北出版株式会社

| 本書のサポート情報および掲載されているすべてのソースコードは，以下の URL からダウンロードできます．
| http://www.morikita.co.jp/soft/84732/

● 本書のサポート情報を当社 Web サイトに掲載する場合があります．下記の URL にアクセスし，サポートの案内をご覧ください．

http://www.morikita.co.jp/support/

● 本書の内容に関するご質問は，森北出版 出版部「(書名を明記)」係宛に書面にて，もしくは下記の e-mail アドレスまでお願いします．なお，電話でのご質問には応じかねますので，あらかじめご了承ください．

editor@morikita.co.jp

● 本書により得られた情報の使用から生じるいかなる損害についても，当社および本書の著者は責任を負わないものとします．

■ 本書に記載している製品名，商標および登録商標は，各権利者に帰属します．

■ 本書を無断で複写複製（電子化を含む）することは，著作権法上での例外を除き，禁じられています．複写される場合は，そのつど事前に（社）出版者著作権管理機構（電話 03-3513-6969，FAX 03-3513-6979，e-mail：info@jcopy.or.jp）の許諾を得てください．また本書を代行業者等の第三者に依頼してスキャンやデジタル化することは，たとえ個人や家庭内での利用であっても一切認められておりません．

監修者より

　本書は，青山学院大学理工学部情報テクノロジー学科の 3 年次演習科目「情報テクノロジー実験 I のための教科書をもとに企画・執筆された．2002 年度から開始されたこの授業は，いわゆる MVC モデルを代表とする Web アプリケーションの概念形成と，実践的なシステム構築スキルの養成の両方を目標としたものである．いうまでもなく，システムプログラミングの基礎は C，C++，Java，PHP など言語のコーディング技術であるが，現代のシステム開発では，さらに，それらを組合せ，統合する能力が求められることも本書では意識されている．

　本学科は，情報工学の基礎と同様に，応用力をつけることに重点を置いており，本書で取り上げるテーマを，総合演習として位置づけている．

　初版の発刊より 4 年が経過し，その間に Web 開発を取り巻く状況も大きく変化した．サーバ側は仮想マシンやクラウドへの移行が進み，クライアント側はスマートフォンによってモバイル環境が充実した．HTML5 と総称される次世代技術の導入も始まっている．このように激しく変化する状況を前にして，これから Web 技術を学ぼうという学習者が途方に暮れるのは当然であろう．そのような学習者にとって，本書はよいガイドになるはずである．

　本書の特徴は，Web 開発に関する幅広い技術を，その変化にとらわれないように，原理的な説明とあわせて紹介していることにある．たとえば，Web 開発において学習者を悩ませる文字化けの問題を，「文字コードとは何か」という原理的な話から始めて，Web の構成要素すべてにおける文字コードの具体的な設定方法を確認することによって解決しようとしている．

　このように，幅広い知識を丁寧かつ具体的に解説した本書は，これから Web 技術を学ぼうとするものにとって，最良のスタート地点となるであろう．

　最後に，本書にいたるまで演習授業を補佐支援してくれた助手，大学院生の皆さんと，熱心な励ましを惜しまなかった森北出版の塚田真弓氏に心からお礼申し上げたい．

2011 年 3 月

監修者　佐久田 博司

改訂版について

　初版の発行から約 4 年が経過し，本書のように，ウェブアプリ開発に関係する話題を幅広く扱う書籍も何冊か出版されました．初版の「はじめに」で述べた，「扱う範囲が限定されすぎている」という不満は部分的には解消されたわけですが，今度は，「幅広い話題を扱った書籍には，コードが動かせる形では載っていない」という問題に遭遇しました．

　プログラミングには，他の創作活動にはない大きな特徴があります．それは「創作物の振る舞いをほぼ完全に制御することができる」ということです．プログラマは自分の意図のほとんどすべてを表現し，明確に伝えることができます．著者はこのことをとても重視しており，動かないプログラム（形容矛盾！）しか掲載されていない教材を，教科書として採用することはできませんでした．そこで，「実際に動かせる」ということを原則として守りながら，本書を改訂することにしたのです．

　具体的な内容は，ウェブアプリ開発の現状に対応するために，以下のように改めました．

1. サポートする OS を GNU/Linux (Ubuntu) と Windows, Mac OS X とする．
2. 統合開発環境として，Eclipse の他に NetBeans を導入する．
3. JavaScript のライブラリとして，jQuery を採用する．
4. JavaScirpt を扱う例を増やす（Ajax を含む）．
5. Google Maps API や Twitter API を例に，外部 API の利用方法を紹介する．
6. HTTP についての一般的な解説を追加する．
7. XML や JSON をプログラムで処理する方法を紹介する．
8. サーバ側のプログラミング言語として，Java の他に PHP を採用する．
9. MySQL で文字コードに関連したトラブルが発生しにくい学習手順を採用する．
10. 郵便番号検索システムと Google Maps のマッシュアップを試みる．

　改訂版で主に利用しているソフトウェアは以下のとおりです．ここに挙げたソフトウェアのより新しいバージョンについては，本書のサポートサイトでできるかぎり対応します．

- VirtualBox 3.2, 4.0（仮想化ソフトウェア）
- Firefox 3.6（ウェブブラウザ）
- Apache HTTP Server 2.2（ウェブサーバ）
- GlassFish 3（アプリケーションサーバ）
- MySQL 5.1, 5.5（データベース管理システム）
- NetBeans 6.9.1（統合開発環境）
- Eclipse 3.5.1（統合開発環境）

- Java 6 (1.6)（プログラミング言語）
- PHP 5.3（プログラミング言語）
- jQuery 1.5.0（JavaScript ライブラリ）
- XAMPP 1.7.3（Windows のためのサーバソフトウェアパッケージ）
- Ubuntu 10.04（オペレーティングシステム）
- Windows XP, Vista, 7（オペレーティングシステム）
- Mac OS X 10.6（オペレーティングシステム）

2011 年 3 月

著 者

はじめに

本書はあまり急がないでウェブアプリケーション（ウェブアプリ）の基礎とその周辺知識を学ぼうという人のためのものです．以下に該当する方にお勧めします．

- 基本的なことがわかっていないような気がしている情報系の学生．
- ウェブアプリの作り方を知りたい．
- 実践的な例で Java や PHP を勉強したい．
- Eclipse などの統合開発環境を使いたい．
- MySQL をちゃんと使えるようになりたい．
- 文字コードをちゃんと理解したい．
- ウェブアプリや MySQL の文字化けを解決したい．
- 国際化に対応したソフトウェア開発の基本を知りたい．

ウェブアプリの作成には，総合的な知識が要求されます．いわゆる情報技術（IT）の初歩として学習するようなプログラミング言語やデータベースを組み合わせて使うからです．

私たちは，ウェブアプリをそのような総合的な演習として扱っている教科書を探していました．ウェブアプリの制作方法を解説した書籍はすでに数多く出版されているにも拘らず，残念なことに，私たちの求めるものはありませんでした．詳しくは 1.4 節で説明しますが，既存の書籍は次のような点で不満でした．

- 扱う範囲が限定されすぎている．
- さらに学びたい人のための情報が少ない．
- 開発環境が貧弱である．
- 動作 OS が限定されている．
- セキュリティや文字コード，HTML 等の規格に対する配慮が足りない．

膨大な参考文献リストを用意して，そこに挙げた文献を読んでもらうことにすれば，これらの不満は解消できるかもしれません．しかし入門時には，参考文献リストよりも，コンパクトなチュートリアルのほうが学習の効率を高めるはずです．そこで，このような教科書を作ることにしました．

コンパクトなチュートリアルといっても，本書は，週末に急いでウェブアプリのプロトタイプを作らなければならないような人のためのものではありません．他の入門書に比べると，学ばなければならないことがかなり多いという印象を持たれるかもしれません．し

かし，ソフトウェア開発は「1週間でわかる」とか「10日でわかる」というものではありません．ですから，あまり急がずに学ぶのがいいと思います．次のような話もあります．

プログラミングを独習するには10年かかる—Peter Norvig[1]

私たちもこれに同意します．本書自体は3日もあれば読めるものかもしれませんが，参考文献などをたどって行けば，C言語の基礎しか知らない方が1年ぐらいは楽しめるようにしたつもりです．

本書についての質問や要望は，著者（taro.yabuki@unfindable.net）にお送りください．サポートサイト（http://www.morikita.co.jp/soft/84732/）で対応します．このサイトでは，本書に掲載されているコードも公開しています．

2007年7月　　　　　　　　　　　　　　　　　　　　　　　　　　　　著　者

謝辞

- 本書を執筆する機会を与えてくださった青山学院大学の佐久田博司教授（@ajiro）
- 青山学院大学理工学部情報テクノロジー学科の演習科目「情報テクノロジー実験I」を2005年から2010年に受講した学生の皆さん（皆さんの質問やコメント，犯した数多くの間違いが本書には反映されています）
- 資料収集を手伝ってくださった青山学院大学の小嶋敬子さん
- 初版の草稿を読んでコメントをくださった小川武史教授，伊藤一成博士，大野博之さん，中川裕さん，松井田有加さん，伊藤あをいさん，辻賢さん，鈴木功太さん，藤森誠さん，狩屋翔さん，矢吹光佑さん，株式会社OPQの田中慶樹さん，株式会社スローガンの熊谷朋哉さん，渡部伸さん
- 改訂版の草稿を査読してくださった大門和斗さん（@kxx_srg），喜多唯さん（@Meaue），湯田雅さん（@miyayuta），筒井達郎さん（@Ortauts），田中諒さん（@ryodas0789），向高立一郎さん（@ryuchanchan），渡邉貴志さん（@timwata），今田智大さん（@tom_k1004），山本努さん（@yamo11），松田源立博士
- 初版と改訂版の両方を査読してくださった齋藤智也さん（@code6119），石川有さん（@hereticreader），和木康祐さん（@KOSUKEwwwwwww），辻真吾博士（@tsjshg）
- すばらしいフリーソフトウェアを作っている方々，フリーソフトウェアではないけれどすばらしいソフトウェアを作って無料で提供している方々，フリーソフトウェアでも無料でもないけれどすばらしいソフトウェアを作って提供している方々
- すばらしいカバーをデザインしてくださった轟木亜紀子さん
- 著者のわがままを聞いてくださった森北出版株式会社の塚田真弓さん
- マイコンで遊べる環境で育ててくれた家族
- 執筆活動をサポートしてくれた高宗一惠さん

以上の方々に感謝いたします．ありがとうございました．

著者（@yabuki）

---

[1] http://www.yamdas.org/column/technique/21-daysj.html

目　次

第1章　本書の目指すもの　　1
- 1.1　ウェブアプリとは何か，なぜウェブアプリなのか　　1
- 1.2　本書を読む上での注意　　3
- 1.3　本書が前提にしている知識　　5
- 1.4　本書の意義　　7
- 1.5　ガイドマップ　　11

第2章　開発環境の構築　　15
- 2.1　開発環境の概要　　15
- 2.2　仮想マシンの構築　　16
- 2.3　Apache HTTP Server と PHP　　20
- 2.4　GlassFish と統合開発環境　　22
- 2.5　プロジェクトの作成　　25

第3章　ウェブページの書き方　　30
- 3.1　ウェブブラウザ　　30
- 3.2　HTML 入門　　31
- 3.3　統合開発環境とウェブサーバの利用　　34
- 3.4　HTML の主な要素　　35
- 3.5　HTML Validator　　37
- 3.6　スタイルシート　　42

第4章　ウェブブラウザ上で動作するプログラム　　51
- 4.1　JavaScirpt の書き方　　51
- 4.2　jQuery　　52
- 4.3　JavaScript と C 言語の違い　　54
- 4.4　Firebug による JavaScript の動作の調査　　55
- 4.5　Google Maps API　　56

第 5 章　ウェブの通信方式　　61

- 5.1　HTTP　　61
- 5.2　HTTP クライアント　　66
- 5.3　Twitter API　　71

第 6 章　ダイナミックなページ生成　　76

- 6.1　Java によるページ生成　　77
- 6.2　PHP によるページ生成　　82
- 6.3　リクエスト内容の取得　　83
- 6.4　セッション　　89

第 7 章　データベースの操作　　92

- 7.1　データベース管理システムの必要性　　92
- 7.2　MySQL　　93
- 7.3　データベースとテーブルの作成　　96
- 7.4　MySQL の文字コード　　100
- 7.5　データの操作　　101
- 7.6　phpMyAdmin　　106
- 7.7　SELECT 文の詳細　　108
- 7.8　インポートとエクスポート　　110
- 7.9　インデックス　　111
- 7.10　複数のテーブルで構成されるデータベース　　114
- 7.11　MySQL でサポートされる関数　　126

第 8 章　データベースを利用するウェブアプリ　　129

- 8.1　データベースへのアクセス権　　129
- 8.2　データベースの利用　　130
- 8.3　ユーザ認証　　138
- 8.4　ウェブアプリのセキュリティ　　143

第 9 章　ウェブアプリの実例　　145

- 9.1　郵便番号データベース　　145
- 9.2　GET による検索　　148
- 9.3　フォームからの検索　　150
- 9.4　Google Maps とのマッシュアップ　　152
- 9.5　Ajax によるリアルタイム検索　　154
- 9.6　Model, View, Controller　　155

付録A　Cプログラマのための Java　164

- A.1　Hello World! ……………………………………………… *164*
- A.2　クラスライブラリ ………………………………………… *166*
- A.3　例外 ………………………………………………………… *170*
- A.4　コレクション …………………………………………… *171*
- A.5　クラス …………………………………………………… *176*

付録B　文字コード　183

- B.1　文字コードとは何か …………………………………… *183*
- B.2　どの文字集合を使うべきか …………………………… *184*
- B.3　文字コードの統一 ……………………………………… *186*
- B.4　ウェブブラウザが利用する文字コード ……………… *189*

索　引　192

CHAPTER 1 本書の目指すもの

本書はウェブアプリケーションの作り方を学ぶためのものです.そもそも,ウェブアプリケーションとは何でしょうか.その作り方は,どのように学んだらいいのでしょうか.類書が多くある中で,本書の意義はどこにあるのでしょうか.本章では,これらの疑問に答えます.

1.1 ウェブアプリとは何か,なぜウェブアプリなのか

ウェブアプリケーション(ウェブアプリ)とは何でしょうか.通常のウェブページとの比較で説明しましょう.

ウェブページは,ネット上で情報を公開する方法の一つです.

図 1.1 を見てください.情報を公開したい人(制作者)は,その情報を書いたウェブページを作成し,ウェブサーバ上に置きます.ユーザ(閲覧者)は,そのウェブページのアドレスをウェブサーバに通知し,閲覧を要求(リクエスト)します.ウェブサーバは要求のあったウェブページをユーザに送信します.

ここで重要なことは,この形式では制作者があらかじめ作っておいたウェブページしか,ユーザに提示できないということです.そのため,ウェブブラウザなどのユーザ側のソフトウェア(以下ではクライアントと総称)とサーバのやりとり(インタラクション)はとても単純です.

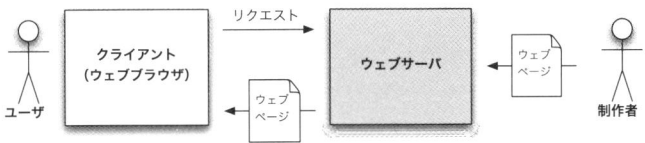

図 1.1 ウェブページの閲覧

ウェブアプリもネット上で情報を公開する方法の一つですが,ウェブページと異なり,情報公開にとどまらず,クライアントとサーバの複雑なインタラクションを可能にします.クライアントからの要求に対して返せるウェブページは,あらかじめ作っておいたものに限りません.要求を受けてからウェブページを生成し,それをクライアントに返すことができます.

これを可能にするのが図 1.2 のようなシステムです.ウェブアプリケーションサーバがウェブページを動的に生成します.処理に必要なデータは,データベースに格納されるの

図 1.2 ウェブアプリの一般的な構成

が一般的で，データベース管理システム（Database Management System, DBMS）がその管理を請け負います．

「アプリケーション」ということに関して，メールクライアント（メーラー）を例にもう少し説明しましょう．

かつてメーラーといえば，クライアントコンピュータにインストールするものしかありませんでした．しかし，今ではウェブメールが広く普及しています（ウェブ上でしか利用できないメールサービスさえあります）．ウェブメールにはさまざまな利点がありますが，最も重要なのは次の 2 点でしょう．

1. インターネットに接続したコンピュータとウェブブラウザがあれば利用できる．ソフトウェアをインストールする必要はなく，ブラウザが動くなら OS も問わない．
2. プログラムをアップデートするのが簡単である．これに対して，ユーザがインストールするタイプのメーラーの場合には，新しいバージョンをダウンロード・インストールしなければならない[1]．

最初の点は特に重要です．今日では携帯電話にも標準的なブラウザが搭載されていますから，アプリケーションをウェブアプリの形で作成すれば，パソコンからでも携帯電話からでも利用可能になるのです[2]．

ウェブメールには欠点もあります．

1. ネットワークの速度がボトルネックになって，動作が全体的に遅くなることがある．
2. インターネットに接続しなければ使えない[3]．
3. ユーザインターフェースが貧弱である[4]．

このような欠点があるとはいえ，インターネット上での利用を想定しないようなアプリケーションでさえも，ウェブアプリとして実装する価値はあります．新たに学ばなければならないことはありませんし，後でインターネット上で利用しようということになっ

---

1) Java FX や Adobe AIR，Silverlight などの RIA（Rich Internet Application）にもこの問題があります．
2) 「一度コードを書けばどこでも動作する（Write Once, Run Anywhere, WORA）」というのはソフトウェア開発の一つの理想で，プログラミング言語 Java はこの理想を掲げて登場しました．皮肉なことに，アプリケーションの動作環境として携帯電話まで考えると，Java はこの理想を達成できているとは言えません．しかし，Java などの技術に支えられたウェブアプリなら，この理想を達成できるのです．
3) コンピュータがネットワークにつながっているのが当たり前の今日では，これは欠点ではなくなりつつあります．
4) JavaScript 等によってユーザインターフェースを改善する試みが続けられているため，将来この欠点は解消されるかもしれません．

たときに，アプリケーションを修正する必要もありません．たとえば，7.6 節で紹介するphpMyAdmin は，インターネット上でデータベース管理システムを操作できるアプリケーションですが，そのような遠隔操作を必要としない人にとっても，使いやすいものになっています．

まとめると，「ウェブアプリは，サーバとクライアントの間の複雑なインタラクションを可能にする技術で，その枠組みはウェブに限らず一般的なアプリケーションに用いることもできる」ということになります．

1.1.1 なぜウェブなのか

少し話を広げて，なぜウェブ（World Wide Web, WWW, Web）なのかということを考えてみましょう．

インターネットの普及の速度は驚異的です．地上に限らず，人類の到達できるほとんどの場所でインターネットを利用できるようになっています．ウェブは，狭義にはインターネットの一つの利用形態あるいはプロトコルですが，広義にはインターネットとほとんど同じ意味になっているでしょう．

ウェブ上には膨大な知識が蓄積され，日々新しいサービスが展開されています．そのウェブと人間の間にあるのがウェブアプリです[5]．どんなに知識が蓄積されても，それが人間にとってアクセスしやすいものになっていなければ何の価値もありません．ですから，ウェブのユーザインターフェースであるウェブアプリをよりよくすることは，とても重要なことです（知識とインターフェースは簡単に分離できるものではありません）[6]．

このように，ウェブは人類の営みの重要な要素となっています．その重要な構成要素であるウェブアプリについて学んでもらうのが本書の目的です．

1.2 本書を読む上での注意

本書はウェブアプリについての入門書ですが，入門的ではない事柄も含まれています．それらは，コラムや脚注[7]で扱っています．初めのうちは，これらはすべて無視してかまいません．「飛ばしてもかまいません．」という注意書きがあるところは，初読時は飛ばしてかまいません．全体像を把握するのが先決です．

全体像の把握のためには，各章の冒頭に掲載しているガイドマップも活用してくださ

---

[5] ウェブアプリと違って，人間ではなくプログラムに対するインターフェースとなるのがウェブサービスです（ウェブ上のサービスをウェブサービスと総称することもあります）．ただし，両者は明確に区別できるものではありません．

[6] このような視点からウェブについて深く考えたい場合は，Morville『アンビエント・ファインダビリティ―ウェブ，検索，そしてコミュニケーションをめぐる旅』（オライリー・ジャパン，2006）が参考になります．同著者の『Web 情報アーキテクチャ―最適なサイト構築のための論理的アプローチ』（オライリー・ジャパン，第 2 版，2003）もウェブ上の情報のあり方を考える際の必読書です．

[7] 脚注も初めは無視してかまいません．

い．読み進めていくうちに，自分が何をしているのかわからなくなったときは，ガイドマップに戻ってみてください．

1.2.1 コードの枠と背景

本書では，コードを記述する際に，以下の四つのスタイルを使い分けています．

> 左端に太線を引いて示すコードはテンプレートです．
> 実際に利用する際には，利用場面にあわせて一部を書き換えてください．

```
細線で囲まれたコードは，クライアント側のコードです．
HTML や CSS，JavaScript，Java アプリケーションのコードはこの形式で記述します．
```

    背景が灰色のコードは，サーバ側のコードです．
    サーブレットや JSP，PHP などのコードはこの形式で記述します．

    背景が黒のコードは，コンソール（後述）での操作です．
    コンソールでの作業やデータベース操作はこの形式で記述します．

1.2.2 バックスラッシュ

バックスラッシュの字体は左上から右下への斜線を使っています（使用書体によって多少変わりますが，字形は「\」のような形です）．日本の通貨記号（円記号「¥」）と同じ字形が使われることがありますが，バックスラッシュと円記号を区別できなくなるため本書では使いません[8]．

1.2.3 その他の注意

Windows や Mac と違って，GNU/Linux にはさまざまな形態（ディストリビューション）があります．本書で想定しているディストリビューションは Ubuntu 10.04 LTS です[9]．他のディストリビューション上に開発環境を構築した場合には，設定方法や動作が本書とは異なる可能性がありますが，深刻な違いはないはずです．

コマンド入力によってコンピュータを操作するためのインターフェースは，Ubuntu では「端末」，Windows では「コマンドプロンプト」，Mac では「ターミナル」とよばれますが，これらを区別する必要がない場合は「コンソール」とよぶことにします．Mac には「コンソール」という別のアプリケーションがあるので注意してください．

Mac を使う場合は，本文中の右クリックを「Ctrl+クリック」に読み替えてください．

---

8) キャプチャ画像には，バックスラッシュの字形が円記号になっているものがあります．
9) 本書の執筆時点での Ubuntu の最新バージョンは 10.10 ですが，10.04 はサポート期間が特別に長い LTS（Long Term Support）版なので，これを採用しました．

本書の中でウェブ上の資料を紹介する際には，その URL と併せて掲載しています．URL が変わったり資料がなくなったりすると，URL を使ってその資料を閲覧することはできなくなります．そのような場合には，資料のタイトルで検索すれば，新しい URL や検索サイト上のキャッシュが見つかるでしょう．Internet Archive[10]のようなサービスで見つかる資料もあるかもしれません．

英語で書かれた規格文書を参照するときは，利便性を考えて日本語訳の URL を紹介しています．日本語訳は正式な規格ではないので，正式なものが必要な場合は，原文に当たってください．

1.3 本書が前提にしている知識

本書の読者には次の前提知識があることを想定しています．

- ネットサーフィンができる（ネットで検索する方法やハイパーリンクとは何かなどということは説明しない）．
- ファイルやディレクトリの基本的な操作ができる（ネットからファイルをダウンロードしたり，圧縮されたファイルを展開したりすることも含む．）．
- C 言語の基本的な文法を知っている．

1.3.1 前提とする C 言語の知識

C 言語の文法については少し詳しく説明しましょう．

本書で前提としているのは，C 言語（あるいは C++ や Java）の基本的な知識です．ポインタや文字列についての詳しい知識は必要ありません（知っていればより良いプログラムが書けるかもしれません）．たとえば，K&R[11]の第 1 章「やさしい入門」がわかっていればそれで十分です．

いくつか例を挙げましょう．これが何かわかりますか．

```
int s = 0;
```

整数型の変数 s を宣言し，値 0 で初期化しています．

次はどうでしょうか．

```
int a[] = {1, 3, 5};
```

a という配列を宣言し，初期化しています．a[2] の値は 5 です（配列の添え字は 0 から数えます）．

For 文はどうでしょう．

---

[10] http://www.archive.org/
[11] Kernighan ほか『プログラミング言語 C』（共立出版，第 2 版, 1989）

```
for (int i = 1; i <= 100; i++) {
  s += 1;
}
```

変数 s の値は 1 以上 100 以下の整数の和になります．

If-Else 文はどうでしょう．

```
if (s % 2 == 0) {
  printf("even\n");
} else {
  printf("odd\n");
}
```

変数 s を 2 で割った余りが 0（つまり 2 で割り切れる）なら "even" と，そうでないなら "odd" と表示します．

最後は関数です．

```
int sum(int start, int end) {
  int s = 0;
  for (int i = start; i <= end; i++) {
    s += i;
  }
  return s;
}
```

これは，整数 start から end までの和を返す関数です．使い方はわかりますか．

説明を読まないと意味がわからないものがあるなら，本書を読む前に C 言語の復習をしてください（先述の K&R 第 1 章で十分です）．

C 言語を学んだことがないなら，C 言語ではなく Java の入門書を読んでもいいでしょう．ただし，Java 1.6（あるいは Java 6）以降に対応した，なるべく薄い本を選んでください（Java のバージョンには，2 とおりの表現方法があるので注意してください．「Java 1.5」は「Java 5」，「Java 1.6」は「Java 6」ともよばれます）．

1.3.2 Unix の知識

Ubuntu と Mac は Unix 系の OS なので，これらを使って本書の内容を試す際には，Unix の知識が多少あると操作の意味がよくわかるでしょう．しかし，ウェブアプリについて学習するための準備として Unix について学習するのは大変なので，コマンド操作の部分は，「何をしているか」だけを意識して作業を進めてもかまいません．

本書で利用する Unix 系のコマンドを表 1.1 に挙げます．詳しい使い方を知りたい場合は，コンソールで「man コマンド名」などと入力したり，ウェブで検索したりしてみてください．

Unix について学びたい場合には，エルピーアイジャパン『Linux 標準教科書』[12] などを参照してください．

---

[12] http://www.lpi.or.jp/linuxtext/text.shtml

表 1.1　本書で利用する Unix 系のコマンド

コマンド	説明
`apt-get`	Ubuntu のソフトウェアパッケージの管理を行う
`chmod`	ファイルのアクセス権を変更する
`chown`	ファイルの所有者を変更する
`find`	ファイルを検索する
`head`	ファイルの冒頭を表示する
`lha`	LZH 形式のファイルを作成・展開する
`nkf`	ファイルの文字コードや改行コードを変換する
`sh`	シェルスクリプトを実行する
`sudo`	管理者権限でコマンドを実行する
`vi`	ファイルを編集する（テキストエディタ）

1.4　本書の意義

「はじめに」で述べたように，私たちは，情報系の総合的な演習としてウェブアプリの制作方法を学ぶための教科書を探していました．候補となる書籍はたくさんありましたが，次のような点において不満を感じるものでした．

- 幅広い話題を扱った書籍に掲載されているコードは動かない
- 発展的な事柄を紹介していない．
- 開発環境が貧弱である．
- 動作 OS が限定されている．
- セキュリティや文字コード，HTML 等の規格に対する配慮が足りない．

詳しく説明しましょう．

プログラミングの入門課程を修了している人が，ウェブアプリを制作しようというときに必ず学ばなければならないのは次のようなことです．

- ユーザと対話する画面を記述するための HTML と CSS．
- ウェブブラウザ上で動作するプログラムを記述するための JavaScript．
- サーバ側での処理を記述するためのプログラミング言語．
- データを蓄積するためのデータベース管理システム[13]．
- これらの要素をつなぎ合わせる方法．

いずれもそれだけで 1 冊の本になるような話題ですが，あえて 1 冊にコンパクトにまとめようとすると，個々の話題の扱いは軽くなり，プログラムが完全に動く形で掲載されることはほとんどなくなるようです．プログラミングを学ぶためには，実際にプログラムを動かしてみることがとても大切です．しかし，幅広い話題を扱った書籍の大部分は，動か

---

[13] 多くのウェブアプリの入門書では，データベース管理システムは単にデータを保管する役割しか担っていません．しかし，データベース管理システムでできることはそれにとどまりません．使いこなせるようになれば，ウェブアプリ以外の場面でも，強力なツールになるでしょう．

して試せる形のプログラムを掲載していないため，知識の整理には向いていても，入門という用途には向いていません．

そこで，ウェブアプリへの入門に必要な話題のすべてを，実際に動かして試せるくらい詳しく解説するという難しい目標を掲げて，本書を執筆しました．

既存の書籍を使った学習には，他にもさまざまな問題があります．掲載されているサンプルをそのまま入力して，指示された手順どおりにセットアップすればウェブアプリが動く，というのが目標であれば，その達成は難しいものではありません．しかし，いざ自力でウェブアプリを作ろうという段階になると，次のような問題が発生します．

1. プログラミング言語の知識が足りないために挫折する．
2. 開発環境が貧弱なために，開発が困難になる．
3. ウェブアプリやデータベースの設計方法を知らないために非常に複雑な実装になる．
4. セキュリティホールだらけのウェブアプリを作成してしまう．
5. 文字化けを解決できない．

以下で詳しく説明します．

1.4.1 プログラミング言語の知識

1番目の問題「プログラミング言語の知識が足りないために挫折する」は，「C言語は知っているけどJavaはよく知らない」という人によく起こります．ウェブアプリを制作しようとしてJavaの知識が必要であることを知り，Javaを勉強しようと分厚い教科書を買ってきて，その分厚さに挫折する，というわけです．プログラミングの教育が，C言語ではなくJavaのような抽象度の高い言語で始まるようになれば，このような問題は起こらないのかもしれませんが，そうはなってはいないのが現実です．

ウェブアプリは一つのプログラミング言語を知っていれば作れるというようなものではありません．実際，今日のウェブアプリでは，以下の3種類のプログラミング言語が使われます（図1.3）．

- サーバ側で利用する言語（Javaあるいは PHP, Perl, Python, Ruby など）．
- クライアント側で利用する JavaScript．
- データベースを操作するための SQL．

図 1.3 ウェブアプリを作るのに必要なプログラミング言語

本書では，サーバ側で利用する言語として，JavaとPHPを採用します．

ここに一つの提案があります．ウェブアプリ制作という題材をJavaの入門教材として利用するのです．C言語を知っている人が，Javaを勉強するために分厚い教科書を通読

する必要はありません．Java（のような抽象度の高い言語）のエッセンスだけを新たに学べばよく，そのための題材としてウェブアプリは最適なものの一つだと思われます．本書では，そのための補助的な資料として，「C プログラマのための Java」という章を設けました（付録 A を参照してください）．

　Java を使うことには欠点もあります．特に大きな問題は，Java で開発したウェブアプリを公開しようと思っても，多くのレンタルサーバでは，Java がサポートされていないことです[14]．この問題が理由で Java を使いたくないという読者のために，本書の大部分は，Java ではなく PHP でも試せるようになっています．Java と比べると，PHP は言語仕様が整理されていないという印象があるので，先に述べたように，ウェブアプリ制作を通じてプログラミングを学びたいという読者には Java を推奨します．しかし，多くのレンタルサーバでサポートされているように，PHP には Java にはない手軽さがあります．

　Java と PHP は，どちらか一方を選んで読み進めてかまいません．もし，時間に余裕があるなら，両方を試しておくといいでしょう．それによって，サーバ側での処理の本質の理解が深まるでしょうし，実際にウェブアプリを作成しようというときに，両者の特徴を考慮して，適切な選択ができるようになるでしょう．

　このように，サーバ側のプログラミング言語は比較的簡単に置き換えられますが，SQL と JavaScript は他のもので代用することはできません[15]．ですから，ウェブアプリのためには三つのプログラミング言語が必要なのです．

　いずれにしても，プログラミング言語自体ではなく，その背後にある考え方を理解することが大切です．

1.4.2　貧弱な開発環境

　2 番目の問題「開発環境が貧弱なために，開発が困難になる」は，適切な開発環境を与えられていないために起こります．一部の入門書は，テキストエディタとコマンドプロンプトを開発環境として利用しています．これは，今日一般的に利用できるウェブアプリ開発環境と比較して，あまりに貧弱です．早いうちから電卓を使うと計算能力が身につかないというのと同じように，便利な開発環境のために，身につかない知識というものもあるでしょう．しかし，ウェブアプリ開発の最先端ははるか遠くにあるので，入門書の段階であまり苦労をすると，途中ですっかりいやになってやめてしまう恐れがあります．そもそも，Java のようなオブジェクト指向プログラミング言語は，シンプルなテキストエディ

---

[14]　VPS（Virtual Private Server）とよばれる形のレンタルサーバが安価に利用できるようになることで，この問題は解決されつつあります．

[15]　クライアント側で動くプログラムとしては，Flash や Java アプレットもありますが，これらはウェブブラウザがあれば動くというものではありません．Java アプレットは使われなくなりつつありますし，Flash にも，一部のスマートフォンで動作しないという不安要因があります．Google Web Toolkit（http://code.google.com/webtoolkit/）のようなクライアント側も Java で書けるようにする試みや，サーバ側で JavaScript を使えるようにする試み（サーバサイド JavaScript）もありますが，SQL を Java や JavaScript のような汎用プログラミング言語で置き換えることはできないでしょう．

タで開発できるものではありません．

　本書では，Javaを用いるウェブアプリ開発のための強力な統合開発環境（Integrated Development Environment, IDE）であるNetBeansを利用します．JavaのIDEと言えばEclipseも有名ですが，NetBeansの方がウェブアプリ開発のためのJava EE（Java Platform, Enterprise Edition）の最新版に対応しやすいことと，JavaとPHPを同時にサポートするGNU/LinuxとWindows，Mac用のパッケージが提供されていることから，本書ではNetBeansを推奨します．とはいえ，Eclipseを利用したいという読者も多くいると思われるので，Eclipseでの動作確認もしています．Eclipseに慣れている人は，適宜読み替えてください．

1.4.3　複雑な実装

　3番目の問題「ウェブアプリやデータベースの設計方法を知らないために非常に複雑な実装になる」が起こるのは，入門書なのだから仕方ないという見方もあるでしょう．ウェブアプリやデータベースには，ある決まった設計方法（ウェブアプリにはMVC，データベースには正規化など）があり，その枠組みに合うようにすれば，システムの構築や保守，拡張が容易になるとされています．とはいえ，これらの設計方法は，入門書の最初のサンプルになるほどには簡単ではないため，あまり扱われません．入門書をもとに独自のウェブアプリを作成する場合，最初に覚えた簡単なサンプルを拡張しようとすることになるのですが，そういう方法では，システムが少し大きくなると，実装が手に負えないぐらい複雑なものになってしまいます．入門書の性格上，手軽なサンプル以上のものは扱えないということはあるでしょう．しかしそうならば，「さらに学びたい人のための情報」として，そのような話題を提供したいものです．

　本書では，MVCパターンについては多くの入門書よりも詳しく説明しました．それでも，本書で扱いきれない事柄はたくさんあります．それらの一部を，本文からは独立したコラムとして提供します．

1.4.4　セキュリティホール

　4番目の問題「セキュリティホールだらけのウェブアプリを作成してしまう」は，入門書だから仕方ないと済ますわけにはいきません．安全なウェブアプリを構築することは，簡単なウェブアプリを構築することに比べて，はるかに難しいことです．まして，「絶対安全」などというのは不可能です．それでも，そのままコピーして使うと重大なセキュリティホールになることが明らかなサンプルプログラムを載せておいて，改善策に触れないというのは問題です．

　本書で扱う例においては，ウェブアプリのよくある攻撃であるスクリプト挿入攻撃やクロスサイトスクリプティング，SQLインジェクション，セッション固定攻撃への対策

はできるようになっています[16]．セキュリティ対策のための参考文献も紹介しています．

1.4.5　文字化け

5番目の問題「文字化けを解決できない」は，多くの入門書が文字コードを常に意識するようには書かれていないために起こります．ウェブブラウザ上で起こるウェブページの文字化けは，ブラウザの設定を変えるだけで解決できます．しかし一般には，文字化けが起こるとデータが失われ，失われたデータは戻ってきません．つまり，一般に考えられているよりも重大な問題なのです．それにもかかわらず，多くの入門書では文字コードの設定を簡単に済ませるか省略してしまっています．ウェブアプリには文字コードを意識しなければならない要素がたくさんあるため，それらを完全に把握しておかないと，「なんだかよくわからないけど動いた」という段階を超えることができません．この問題を回避するために，利用する文字コードを，Windows環境でよく使われるWindows-31Jに固定してしまっている書籍も多く見られますが，特に国際化という視点からみたとき，文字コードは本書で実践しているようにUTF-8に統一したほうがいいでしょう．

　本書では，文字コードを設定しなければならないところでは，必ず立ち止まってそれを確認するようにしています．この過程を通じて文字コードについての理解を深めれば，ウェブアプリ以外のところで文字化けに出会っても，適切に対応できるようになるはずです．

1.5　ガイドマップ

　ウェブアプリの基本として学ぶことを図1.4にまとめました．ウェブアプリはこの図に示したような要素を組み合わせることで実現します．この図の要素に対応する章では，そのことを最初に強調するので，道に迷わないようにしてください．何をしているのかわからなくなったときは，このマップで確認してください．

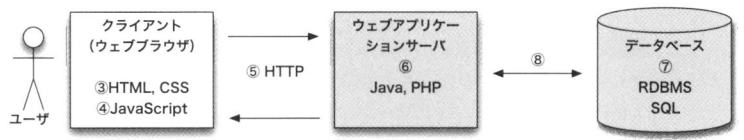

図1.4　ガイドマップ（番号は本書の章に対応している）

各要素について簡単に説明しましょう（図中の番号は本書の章に対応しています）．
- 第3章では，ウェブブラウザ上での表現方法を学びます．表現したい情報は，HTMLという形式で，その見た目はCSSという形式で記述します．

---

16) クロスサイトリクエストフォージェリ（Cross Site Request Forgeries, CSRF）については，簡単な説明にとどめ，対策のための具体的なコードは割愛しました．

- 第4章では，ウェブブラウザ上で動作するプログラムを記述するための言語であるJavaScriptについて学びます．
- 第5章では，ウェブブラウザとサーバの間のHTTPとよばれる通信方法を学びます．クライアントからサーバへの要求方法と，サーバからの応答の処理方法です．簡単な例で練習した後で，Twitterへのアクセスを試します．
- 第6章では，サーバ上で動作するプログラムの書き方，具体的にはクライアントからHTTP（第5章）で送信されたデータを受け取り，それに応じてHTML文書（第3章）を返す方法を学びます．
- 第7章では，サーバがデータを保管するために利用するデータベースの操作方法を学びます．MySQLというデータベース管理システム（DBMS）を準備し，SQLという言語を使って操作します．
- 第8章では，メッセージを登録するという簡単なウェブアプリを作りながら，サーバからデータベースにアクセスする方法を学びます．
- 第9章では，それまでに学んだことのまとめとして，郵便番号検索システムを作ります．まず，郵便番号から住所を検索できるようにし，その後で検索した住所の地図（Google Maps）が表示されるようにします．

ある程度学習が進んだと思ったら，次のようなチェックリストで自問してみるとよいでしょう．

1. HTML文書の書き方がわかるか？
2. JavaScriptを使う方法がわかるか？
3. ウェブブラウザからサーバにデータを送信する方法がわかるか？
4. 送信されたデータをサーバで受け取る方法がわかるか？ 日本語を受け取れるか？
5. データベース管理システムを使えるか？
6. JavaやPHPからデータベースを利用できるか？

> **COLUMN　本書の内容に関連する資格**
>
> 対象範囲が本書で扱う内容に近い資格には次のようなものがあります．実際に資格試験を受けないまでも，書店や図書館で教科書や参考書などを見れば，どの程度の知識や技術が資格として認定されているかがわかるでしょう．
>
> **Oracle認定Webコンポーネントディベロッパ**　Java EEのウェブアプリケーション開発能力を認定する資格です．
>
> **ORACLE MASTER**　ORACLE MASTER BronzeではSQLとデータベース管理者（Database Administrator, DBA）について問われます．このうち，SQLに関しては本書でほぼカバーしています．DBAはOracle（本書で扱うMySQLとは別のRDBMS）に特化しているので本書の範囲外です．
>
> **Oracle Certified Associate, MySQL 5.0/5.1/5.5**　MySQLの用法に関する全般的な知識を認定する資格です．DuBoisほか『MySQL 5.0 Certification Study Guide』（MySQL Press, 2005）のようなオフィシャルな資料もあります．

PHP 技術者 PHP を扱う能力を認定する資格です．Sklar『初めての PHP5』（オライリー・ジャパン，増補改訂版，2012）を教科書とする初級試験と，Lerdorf ほか『プログラミング PHP』（オライリー・ジャパン，第 2 版，2007）を教科書とする上級試験があります．

情報処理技術者 情報処理技術者試験の個々の試験が扱う範囲はとても広く，その大部分が本書の範囲と重なるようなものはありません．しかし，基本情報処理技術者試験と応用情報処理技術者試験，データベーススペシャリスト試験で問われるデータベースに関する知識には本書の内容と重なるものがあります．特に，基本情報処理技術者のものに関しては本書でほぼカバーできるでしょう．それ以外の資格においては本書で扱わない事柄も問われますが，本書を通じて得られる体験は，それらを学ぶ際に役立つでしょう．

COLUMN 🖐 **ウェブアプリのプラットフォーム**

ウェブアプリのプラットフォームには次のようなものがあります．

- .NET
- LAMP (Linux + Apache + MySQL + PHP, Perl, Python)
- Ruby on Rails
- Java EE (Java Platform, Enterprise Edition)

厳密にいえば，これらは同列に議論するものではありません．たとえば，.NET はアプリケーションフレームワークとしての ASP.NET を含んでおり，これと比較するなら，Java EE には Struts や JSF，LAMP には CakePHP や symfony，Zend Framework といったアプリケーションフレームワークを追加すべきでしょう．

他にも多くのプラットフォームがありますが，はじめてウェブアプリを構築する人は，これらの四つのうちからプラットフォームを選択するといいでしょう．理由は二つあります．第 1 に，世界中で利用された実績があり，「何かを作ろうとしたが，本質的に無理だった」ということにはおそらくなりません．第 2 に，広く使われているため，周りに必ず詳しい人がいます．

では，これらの四つのプラットフォームからどれを選んだらよいのでしょうか．どのプラットフォームにも長所・短所があります．そのため，何が最善かを一概にいうことはできません．

とはいえ，本書では LAMP（PHP）と Java EE（Java）を利用します．理由はいくつかあります．

- OS を限定しません．.NET はこの点でやや難があります．GNU/Linux や Mac 上で .NET アプリケーションを開発・運用するためのオープンソースソフトウェア Mono (http://www.mono-project.com/) がありますが，入門書で扱うことには抵抗があります．
- 開発環境のほとんどすべてをオープンソースソフトウェア（ソースコードが公開されており，そのコードを改変・再配布することができるソフトウェア）で揃えられます．オープンソースソフトウェアには，無料で導入できるということだけでなく，深く知りたくなったときはソースコードを参照でき，さらには改変することもできるという利点があります．

これらに加えて，Java EE には次のような利点もあります．

- オブジェクト指向プログラミング言語の入門を兼ねられます．Perl や PHP の場合，オブジェクト指向ということを意識しないでもウェブアプリを作れるので，この点でやや難が

あります．
- 国際化や文字コードについての資料が充実しています．
- 産業界での需要があります（本書は大学のカリキュラムで利用されることも想定しているので，これは無視できません）．

開発現場に行けば，利用するプラットフォームはすでに決められている場合が多いでしょうから，普段から自分でいろいろ試してみるといいでしょう（コラムでは，本文よりも進んだ話題を扱っているので，何を試すかの参考にしてください）．ただし，Hello World 程度のことしか試さないのでは，あまり意味がありません．複数のプラットフォームを試すならば，最低限 MVC（9.6 節）の実現方法がわかる段階までは学んでおきましょう．ASP.NET のアプリケーションは MVC とは異なる枠組みで作られるため例外です．拙著『Microsoft Visual Web Developer 2008 Express Edition 入門』（日経 BP ソフトプレス，2008）を参照してください．

開発環境の構築

本書を読み進めるに当たって最低限必要なソフトウェア（ウェブサーバと統合開発環境）を準備します．本書では他にもさまざまなソフトウェアを使いますが，それらは必要になったときに改めてインストールします．

2.1 開発環境の概要

ここでは，ウェブサーバと統合開発環境を準備します．ウェブサーバは，最もよく利用されているウェブサーバである Apache HTTP Server を，統合開発環境は NetBeans か Eclipse を利用します（どちらか一方だけでかまいませんが，本書では NetBeans を推奨します）．

これらのソフトウェアは，さまざまな OS で利用できますが，本書の内容の動作確認は，GNU/Linux（Ubuntu）と Windows，Mac OS X（本書では Mac と表記）で行っています．そのため，この三つの OS ごとに，ソフトウェアのインストール方法を説明します．

2.1.1 仮想マシンのすすめ

ソフトウェアは使っているコンピュータに直接インストールすればいいのですが，別の方法として，まず仮想的なコンピュータ（仮想マシン）を構築し，その中で開発環境を構築することを検討してください．利用しているコンピュータに複数（コア）の CPU と 2GB 程度の主記憶（メモリ）があれば，仮想マシンを快適に動作させることができます．仮想マシンを利用することには，次のような利点があります．

- 普段利用しているコンピュータにインストールするのは仮想化ソフトウェアのみである（余計なソフトウェアがインストールされない）．
- 仮想マシンはバックアップやスナップショットをとることができる（適当なタイミングでスナップショットをとっておけば，作業中に環境を壊して直せなくなっても，スナップショットの時点からやり直すことができる）．

2.1.2 GNU/Linux のすすめ

先に述べたように，本書の内容は Windows や Mac でも試せますが，本書では特に GNU/Linux を推奨します．それには以下のような理由があります．

- GNU/Linux は無料で自由に使える．本書の内容を学ぶための仮想マシン用に

Windowsや Macのライセンスを購入するのは現実的ではないため，仮想マシンを利用する場合には，OSは必然的にGNU/Linuxになる[1]．

- ソフトウェアのインストールをコマンドで行えるため，操作手順をコンパクトに明確に伝えられる．
- 実運用する場合に利用するのはGNU/Linuxであることが多い．JavaやPHPを利用するウェブアプリケーションは，WindowsやMacで開発することができるが，実際にそれを運用するときに用いるOSは，たいていの場合GNU/Linuxである．
- GNU/LinuxとMacでは，ウェブアプリで利用する文字コードを統一しやすい．Windowsには，コマンドプロンプトなど文字コードをカスタマイズできない部分があるため，開発において注意しなければならないことが多くなる．

2.2 仮想マシンの構築

仮想マシンを利用する場合には，仮想化ソフトウェアをインストールしてから先に進んでください．仮想化ソフトウェアにはさまざまなものがありますが，本書で利用する三つのOSすべてで動作するVirtualBox[2]を推奨します．

2.2.1 仮想マシンの新規作成

(本書のサポートサイトに，以下の作業を記録した動画があります)

VirtualBoxを起動したら，「新規」ボタンをクリックして仮想マシンを構築します（図2.2）．構築時の質問にはだいたい既定どおりに回答すればいいのですが，仮想マシンには，1 GB程度の主記憶を与えてください（図2.3）．ハードディスクの容量は，100GB程度にしておけばよいでしょう（図2.4）（いきなり100GBの容量を確保するわけではありません．ディスクは必要に応じて拡張されます）．

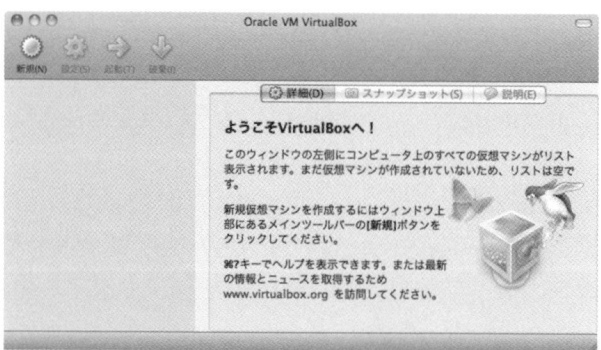

図 2.1　VirtualBoxの起動画面

---

1) 大学等でサイトライセンスがある場合は，仮想マシンでWindowsを利用することもできるでしょう．
2) http://www.virtualbox.org/

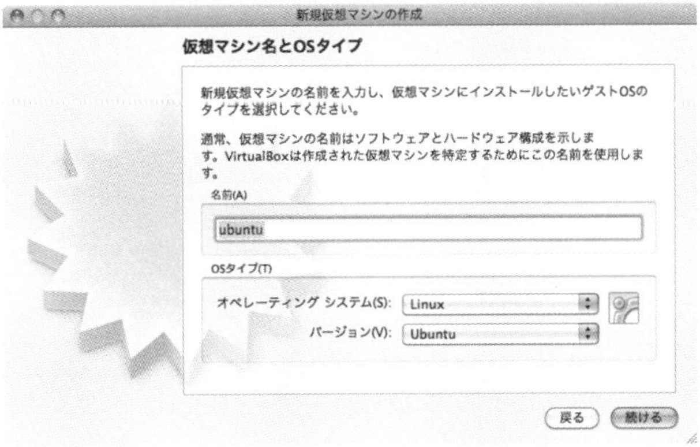

2.2 仮想マシンの構築

図 2.2 仮想マシンの構築（Ubuntu）

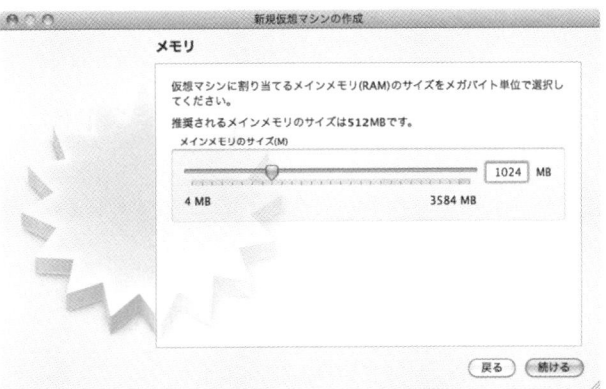

図 2.3 主記憶の設定（1 GB 程度にする）

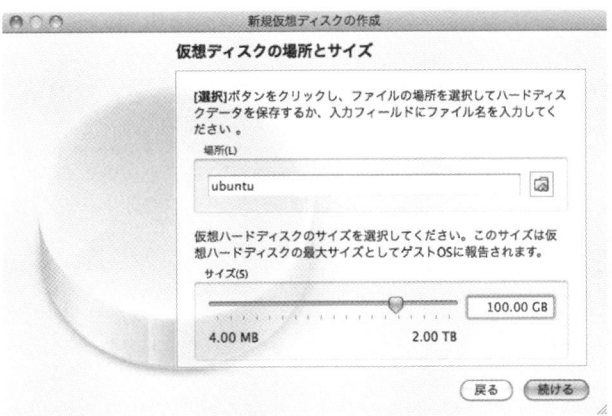

図 2.4 ディスク容量の設定（100 GB 程度にする）

Ubuntu Japanese Team のウェブサイト[3]から，Ubuntu を日本語に最適化した Ubuntu Desktop の CD イメージ（ISO ファイル）をダウンロードします（図 2.5）．本書ではサポート期間の長い 10.04 LTS を利用しますが，より新しいものを利用してもかまいません．

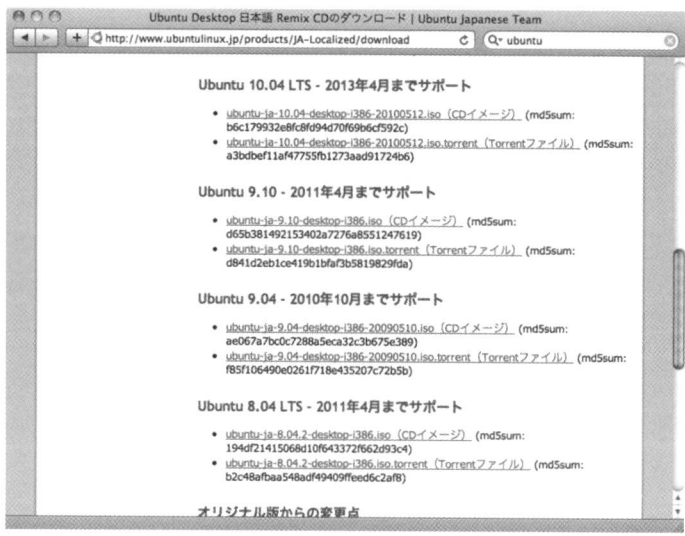

図 2.5　Ubuntu 10.04 の CD イメージのダウンロード

CD イメージをダウンロードしたら，VirtualBox の「設定」ボタンを押して，図 2.6 のように CD を仮想マシンにセットします（CD を焼く必要はありません）．仮想マシンを起動すれば Ubuntu のインストールが始まるので，あとは画面の指示に従ってください．マウスカーソルが仮想マシンのウィンドウから出なくなった場合には，Windows なら右側のコントロールキー，Mac なら左側のコマンドキーを押してください（このキーは変更できます）．

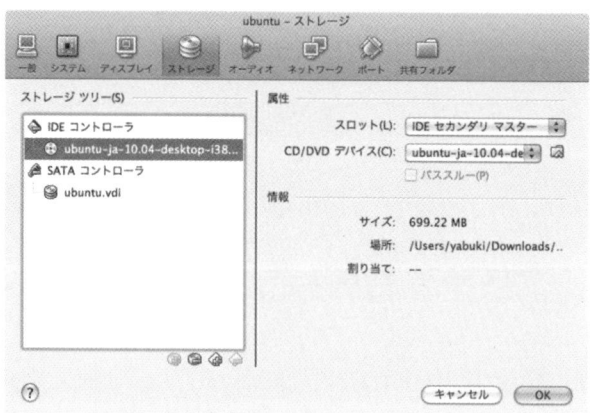

図 2.6　Ubuntu の CD を仮想マシンにセットする

---

[3] http://www.ubuntulinux.jp/

2.2.2 Guest Additions のインストール

（本書のサポートサイトに，以下の作業を記録した動画があります）

　Ubuntuが起動したら，VirtualBoxのGuest Additionsをインストールします．Guest Additionsは，仮想マシンを使いやすくするためのソフトウェア群で，これを導入することによって，画面の解像度の変更や，ホストOS（VirtualBoxを起動しているOS）とゲストOS（仮想マシン）との間のファイル共有などが簡単にできるようになります[4]．

　VirtualBoxのメニューでデバイス→ Guest Additionsのインストールをクリックすると，Guest Additionsのイメージが仮想マシンにセットされます．仮想マシン上で図2.7のようにCD-ROMのアイコンをクリックすると，中のファイルが利用可能になります．

図2.7　Guest Additionsのイメージをマウントする

　"オートランの問い合わせ"を開くをクリックするとGuest Additionsのインストールが始まります（パスワードを求められたら，入力してください）．インストールが終わったらUbuntuを再起動してください．以上でUbuntuの準備は完了です．いつでもこの状態に戻れるように，仮想マシンのスナップショットを撮っておくといいでしょう．

2.2.3 キーボードの設定

　初期状態のUbuntuでは，Control+スペースキーで漢字変換がONになります．しかし，このキーはNetBeansやEclipseでコード補完機能を呼び出すのに使うので，漢字変換とは切り離しておきましょう．システム→設定→IBusの設定で，Control+spaceを削除します．利用できるキーがなくなってしまう場合は，「Ctrl+\」などを新たに登録してください（図2.8）．

---

[4]　Dropbox（http://www.dropbox.com/）のようなオンラインストレージを使って，ホストとゲストの間でファイルを共有してもいいでしょう．

図 2.8　IBus の設定で Control+space を削除する

2.2.4　プロキシサーバの設定

プロキシサーバが必要な環境にいる場合は，画面上部のメニューの「システム→設定→ネットワークのプロキシ」でプロキシサーバを設定しておきます．ここでの設定が，Ubuntu の大部分のプログラムに適用されます（図 2.9）．

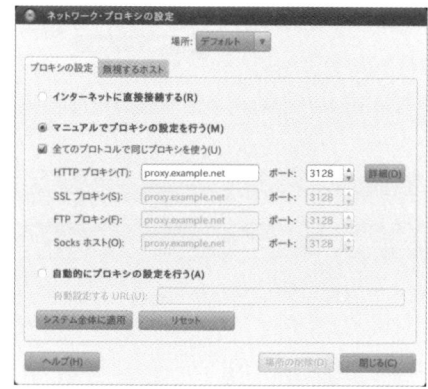

図 2.9　プロキシサーバが必要な場合は環境に合わせて設定する

2.3　Apache HTTP Server と PHP

本書で利用するウェブサーバである Apache HTTP Server（以下 Apache[5]）と，プログラミング言語 PHP をインストールします．Apache で公開するファイルは，ドキュメントルートとよばれるディレクトリに置くのが一般的です．ドキュメントルートの位置はプラットフォームによって違うので，自分の環境の場合を確認してください．

2.3.1　Ubuntu

Ubuntu では，端末で次のようなコマンドを実行して Apache と PHP をインストールします．

---

[5]　"Apache" という語は，Apache Software Foundation およびそのソフトウェアブランド，Apache HTTP Server の三つの意味で使われます．

```
sudo apt-get update
sudo apt-get install apache2 php5 php-pear
```

アプリケーション→インターネット→「Firefox ウェブブラウザ」でウェブブラウザを起動し，http://localhost/にアクセスし，ページが表示されればインストールは完了です．

Ubuntu の Apache のドキュメントルートは/var/www です．初期状態ではこのディレクトリには一般ユーザは書き込めません．開発時にはそれでは面倒なので，次のようなコマンドで，一般ユーザ（正確には Ubuntu インストール時に作成したユーザ）が書き込めるようにしておきます．

```
sudo chmod 775 /var/www
sudo chown root:admin /var/www
```

初期設定では PHP でエラーが発生してもエラーメッセージを表示しないようになっています．運用段階ではこれでいいのですが，開発時にはエラーメッセージが重要なので，以下の手順でエラーメッセージが表示されるようにします．

1. 「`sudo gedit /etc/php5/apache2/php.ini`」として PHP の設定ファイルを開く．
2. 「`display_errors = Off`」を「`display_errors = On`」に置き換える．
3. 端末で「`sudo service apache2 restart`」として Apache を再起動する．

2.3.2 Windows

Windows では，Apache と PHP，MySQL などが一つのパッケージになった XAMPP を導入します．XAMPP のウェブサイトから，Windows 版のインストーラをダウンロードし，実行します（図 2.10）．

XAMPP Control Panel（図 2.11）で Apache を「Running」の状態にして，ウェブブラウザから http://localhost/ にアクセスし，ページが表示されればインストールは完

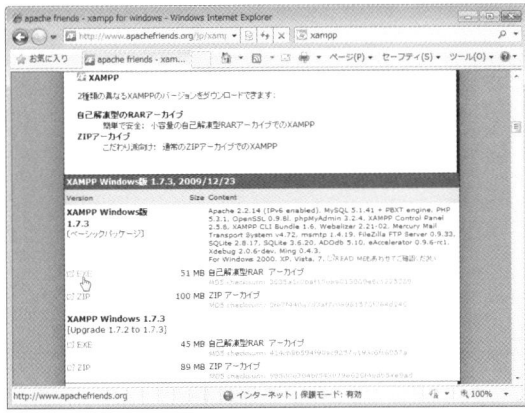

図 2.10 Windows 版の XAMPP をダウンロード・インストールする

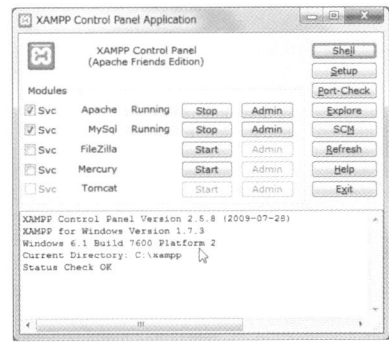

図 2.11 XAMPP Control Panel（Apache と MySQL の "Svc" をチェックしておく）

了です．Apache を再起動したいときは，Stop ボタンを押してから Start ボタンを押してください．OS の起動時に Apache と MySQL も起動するように，"Svc" をチェックして，これらをサービスとしてインストールしておきます．

XAMPP の Apache のドキュメントルートは C:/xampp/htdocs です．

2.3.3　Mac

（本書のサポートサイトに，以下の作業を記録した動画があります）

Mac では，Apache と PHP はあらかじめインストールされていますが，両者は接続されていません．以下の手順で両者を接続します．

1. ターミナルで「`sudo cp /etc/apache2/httpd.conf /etc/apache2/httpd.conf.default`」などとして，Apache の設定ファイルをバックアップする．
2. 「`sudo vi /etc/apache2/httpd.conf`」と入力し，設定ファイルをエディタ (vi) で開き，「`#LoadModule php5_module...`」という行の先頭の「`#`」を削除する．「vi 使い方」をウェブで検索すれば vi の使い方が見つかるが，よくわからない場合は (1) ターミナルで「`sudo chmod 777 /etc/apache2/httpd.conf`」として，ファイルを書き込み可にし，(2) Finder の「移動→フォルダへ移動」でフォルダ「/etc/apache2」に移動，httpd.conf をテキストエディットで開いて編集，(3) ターミナルで「`sudo chmod 644 /etc/apache2/httpd.conf`」として，ファイルを書き込み不可に戻す，という作業を行う．

次に，PHP のための設定ファイルを編集して，PHP のエラーメッセージが表示されるようにします．

1. ターミナルで「`sudo cp /etc/php.ini.default /etc/php.ini`」として，PHP の設定ファイルを作成する．
2. 「`sudo chmod +w /etc/php.ini`」として，管理者がファイルに書き込めるようにする．
3. httpd.conf と同様の方法で，/etc/php.ini の「`display_errors = Off`」を「`display_errors = On`」に変更する．

「`sudo apachectl graceful`」とすると Apache が（再）起動します．ウェブブラウザから http://localhost/ にアクセスすると，ページが表示されるはずです．

Mac の Apache のドキュメントルートは /Library/WebServer/Documents です．

2.4　GlassFish と統合開発環境

Java の開発環境である JDK（Java Development Kit）をインストールしてから，統合開発環境である NetBeans あるいは Eclipse をインストールし，その上でプロジェクトを作成します[6]．

---

[6] Mac では，IDE でよく使う Ctrl+スペースキーが Spotlight に割り当てられています．「システム環境設定→Spotlight」で，この割当を解除しておくといいでしょう．

2.4.1 Java Development Kit

JDK のインストール方法を紹介します．ウェブアプリを PHP で開発するつもりでも，JDK は IDE のために必要なので，インストールしてください．

▶ **Ubuntu**

オープンソース版の JDK である OpenJDK を，以下のようにインストールします．

```
sudo apt-get install openjdk-6-jdk
```

▶ **Windows**

Oracle のウェブサイト[7]から JDK をダウンロード，インストールします．JDK には 64 ビット版と 32 ビット版がありますが，64 ビット版は互換性に問題があるので，64 ビット版の Windows を使っている場合でも，JDK は 32 ビット版を使ってください．

▶ **Mac**

Mac には JDK が含まれているため，インストールする必要はありません[8]．

2.4.2 NetBeans

NetBeans は，Java や PHP でのウェブアプリケーション開発に対応した統合開発環境です．NetBeans のウェブサイト[9]から，すべて（Java のためのアプリケーションサーバ

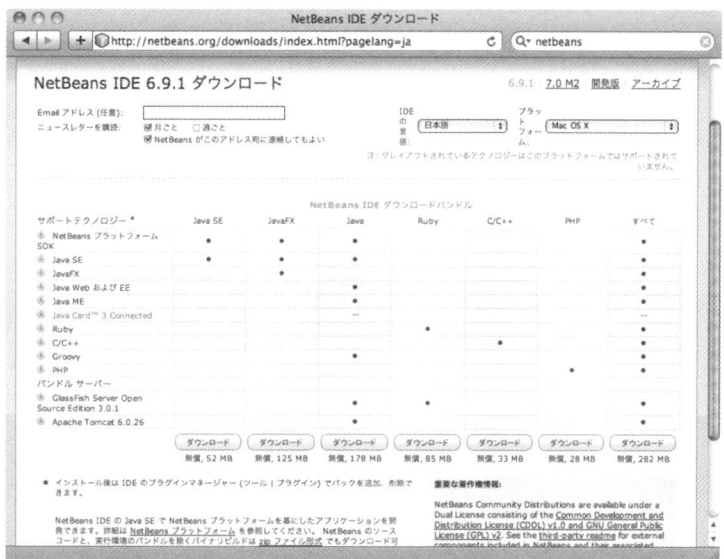

図 2.12　NetBeans のダウンロード（右端の「すべて」をダウンロードする）

---

7) http://java.sun.com/javase/ja/6/download.html

8) 本書の執筆時点で，将来の Mac には JDK が含まれなくなるということがいわれています．ターミナルで「javac -version」としたときにコマンドが見つからなければ JDK が無い状態なので，ウェブで検索してインストールしてください．

9) http://netbeans.org/downloads/index.html?pagelang=ja

第2章　開発環境の構築

であるGlassFishやPHPのための開発環境等）が含まれたバンドルをダウンロード，インストールします（図2.12）．

▶ **Ubuntu**

Ubuntuでは，ダウンロードしたファイルを次のように実行して，NetBeansをインストールします（バージョンによってファイル名は変わるので，途中まで入力してTABキーで補完してください）[10]．

```
sh ~/ダウンロード/netbeans-6.9.1-ml-linux.sh
```

インストールが終わったら，デスクトップにNetBeansのアイコンが現れます．それをダブルクリックすると，NetBeansが起動します．

アンインストールするときは，次のようにして`uninstall.sh`を実行します．

```
sh ~/netbeans-6.9.1/uninstall.sh
```

▶ **WindowsとMac**

WindowsとMacでは，一般的なアプリケーションと同様に，ダウンロードしたインストーラを実行します．

2.4.3　Eclipse

Eclipseを利用してJavaでウェブアプリを開発する場合は，アプリケーションサーバであるGlassFishがバンドルされた「GlassFish Tools Bundle For Eclipse」をGlassFishのウェブサイト[11]からダウンロードしてインストールします．このパッケージにはPHPのためのソフトウェアは含まれていないので，PHPで開発したい場合には，そのためのソフトウェア（PHP Development Tools, PDT）が組み込まれた，Eclipse for PHP Developer[12]を使ってください（ダウンロード・展開するだけで利用できます）．つまり，JavaとPHPで異なるEclipseを使います（Java用のEclipseにPDTを追加することもできますが，その方法はここでは割愛します）．

▶ **Ubuntu**

Ubuntuでは，ダウンロードしたファイルを次のように実行して，Eclipseをインストールします（バージョンによってファイル名は変わるので，途中まで入力してTABキーで補完してください）．

```
java -jar ~/ダウンロード/glassfish-tools-bundle-for-eclipse-1.2-linux-pack200-install.jar
```

---

10) コマンドapt-getでインストールできるパッケージもありますが，バージョンが古く，PHPには対応していないため，本書では使えません．

11) http://dlc.sun.com.edgesuite.net/glassfish/eclipse/

12) http://www.eclipse.org/downloads/

2.5 プロジェクトの作成

インストール後に Ubuntu を再起動すれば，メニューに「GlassFish Tools Bundle For Eclipse」というフォルダが現れます．その中にある「GlassFish Tools Bundle For Eclipse」をクリックすると，Eclipse が起動します．

アンインストールするときは，次のようにして uninstall.sh を実行します．

```
java -jar ~/glassfishBundle/Uninstall/uninstaller.jar
```

▶ Windows と Mac

Windows と Mac の GlassFish Tools Bundle For Eclipse は，一般的なアプリケーションと同様に，ダウンロードしたファイルを実行してインストールします．Mac では，最初に起動したときに「GlassFish → Preferences → Java → Installed JREs」で Java の実行環境として 1.6 を選択します（図 2.13）．

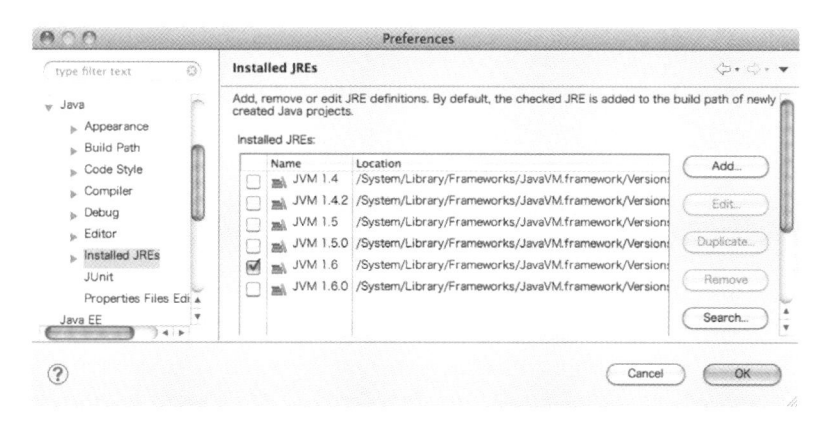

図 2.13 Java の実行環境として 1.6 を選択する（Mac）

2.5 プロジェクトの作成

NetBeans や Eclipse でアプリケーションを作成するためには，そのためのプロジェクトが必要です．ここでは，Java Web アプリケーションのためのプロジェクトと PHP アプリケーションのためのプロジェクトを別々に作成します．

2.5.1 Java Web アプリケーション

Java でウェブアプリを開発するためのプロジェクトを作成します[13]．

▶ NetBeans

NetBeans では次のようにして Java 用のプロジェクトを作成します．

---

13) プロジェクトの作成時に自動生成される `index.jsp` は特別なファイルで, `http://localhost/javaweb/` をリクエストしたときに表示されます（`http://localhost/javaweb/index.jsp` とする必要はありません）．

1. ファイル→新規プロジェクト→カテゴリで「Java Web」を選択→「Web アプリケーション」を選択→「次へ」ボタンをクリック．
2. プロジェクト名は任意だが，ここでは「javaweb」とする．他の項目はデフォルトのままでよい（図 2.14）．
3. index.jsp を右クリックし，「ファイルの実行」をクリックする．

ウェブブラウザが起動し，図 2.15 のようなページが表示されれば成功です．

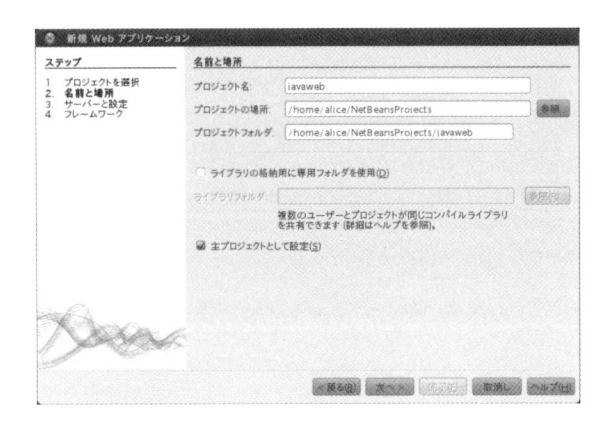

図 2.14　NetBeans で Java 開発のためのプロジェクトを作成する

図 2.15　プロジェクトの実行結果（NetBeans）

▶ **Eclipse**

Eclipse（GlassFish Tools Bundle For Eclipse）では次のようにして Java 用のプロジェクトを作成します．

1. File → New →「Dynamic Web Project」をクリック．
2. プロジェクト名は任意だが，ここでは「javaweb」とし，「Finish」ボタンをクリックする（図 2.16）．
3. プロジェクトが作成されたら，「Project Explorer」の WebContent の中にある index.jsp を右クリックし，「Run As」→「Run on Server」をクリックする．
4. 「Run on Server」ダイアログの「Finish」ボタンをクリックする（図 2.17）．

Eclipse の中でウェブブラウザが起動し，図 2.18 のようなページが表示されれば成功です．

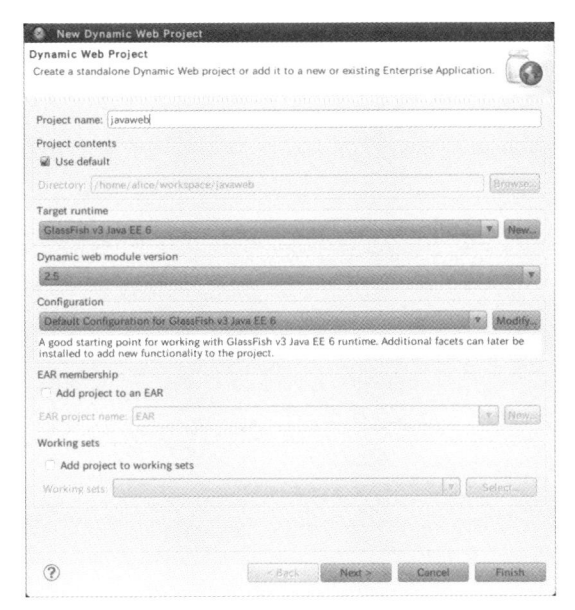

図 2.16　Eclipse で Java 開発のためのプロジェクトを作成する

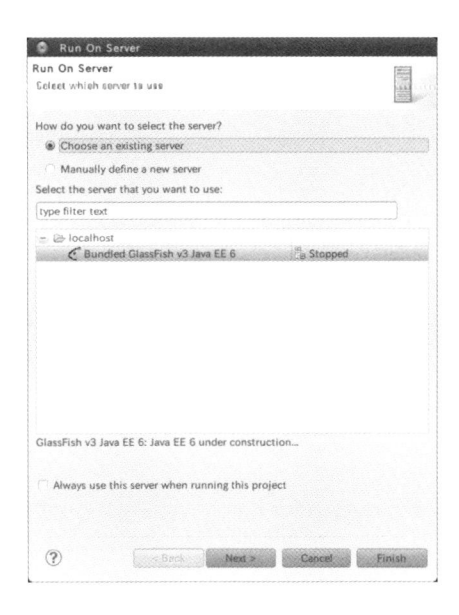

図 2.17　「Run on Server」ダイアログ

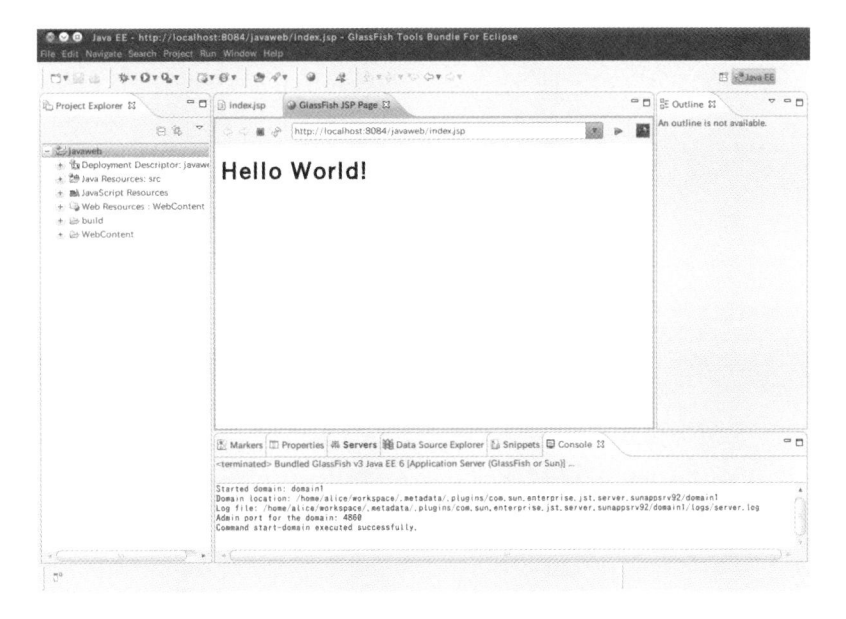

図 2.18　プロジェクトの実行結果（Eclipse）

2.5.2　PHP アプリケーション

　　PHP でウェブアプリを開発するためのプロジェクトを作成します．作ったばかりの PHP のプロジェクトは，Java の場合と違って実行しても何も表示されないものなので，

少し手を加えて，PHPについてのレポートを表示させるようにします[14]．

NetBeansのソースフォルダやEclipseのContentsの位置が，OSによって異なるので注意してください．Ubuntuでは`/var/www/phpweb`ですが，Windowsでは`C:\xampp\htdocs\phpweb`，Macでは`/Library/WebServer/Documents/phpweb`です．

（1） NetBeans

NetBeansでは次のようにしてPHP用のプロジェクトを作成します．

1. ファイル→新規プロジェクト→カテゴリで「PHP」を選択→「PHP アプリケーション」を選択→「次へ」ボタンをクリック
2. プロジェクト名は任意だが，ここでは「`phpweb`」とする．ソースフォルダを「ドキュメントルート/phpweb」，PHPのバージョンを「PHP 5.3」とする（図2.19）．
3. `index.php`の内容を「`<?php phpinfo();`」とする．
4. `index.php`を右クリックし，「実行」をクリックする

図2.20のようにウェブブラウザが起動すれば成功です．

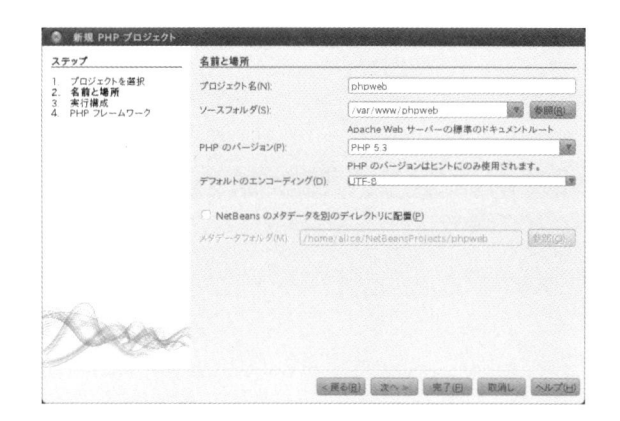

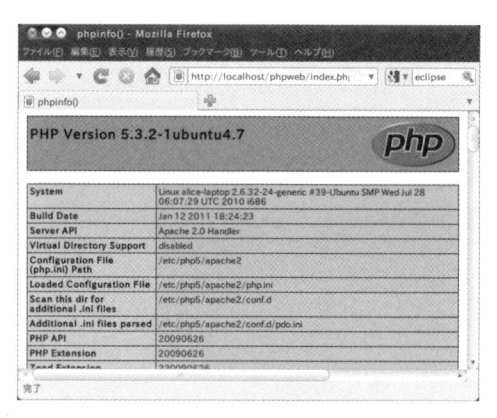

図2.19　NetBeansでPHP開発のためのプロジェクトを作成する

図2.20　プロジェクトの実行結果（NetBeans）

（2） Eclipse

Eclipse（for PHP Developer）では次のようにしてPHP用のプロジェクトを作成します．

1. File → New → PHP Project をクリックする．
2. New PHP Projectのウィンドウで，Project Nameを「`phpweb`」に，ContentsをOSに合わせて設定，PHP Versionを5.3に，JavaScript Supportを有効にし，"Finish"をクリックする（図2.21）．
3. File → New → PHP File をクリックし，`index.php`を作成する．ファイルの内容を「`<?php phpinfo();`」とする．
4. `index.php`を右クリックし，Run As → PHP Web Page をクリックする．

---

[14] プロジェクトの作成時に生成する`index.php`は特別なファイルで，`http://localhost/phpweb/`をリクエストしたときに表示されます（`http://localhost/phpweb/index.php`とする必要はありません）．

2.5 プロジェクトの作成

図 2.22 のようにウェブブラウザが起動すれば成功です．

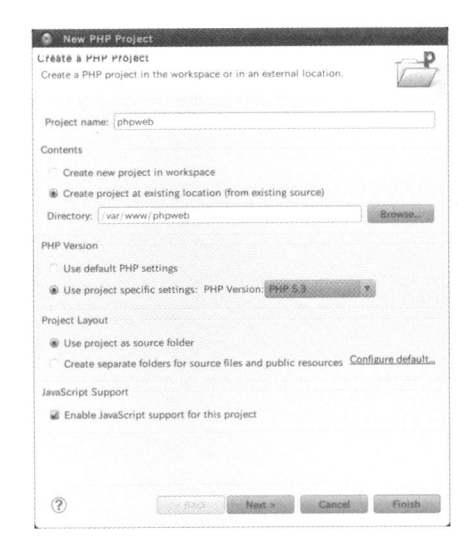

図 2.21　Eclipse で PHP 開発のためのプロジェクトを作成する

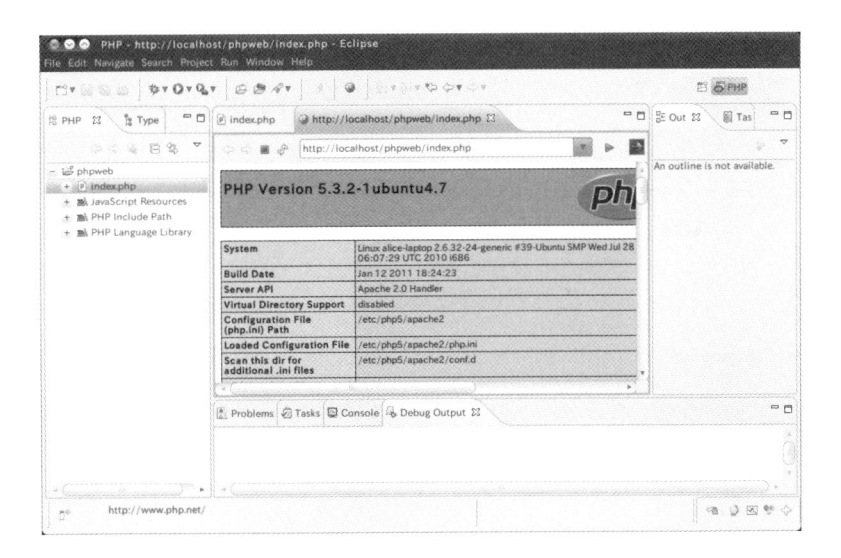

図 2.22　プロジェクトの実行結果（Eclipse）

CHAPTER 3 ウェブページの書き方

ウェブブラウザ上での表現方法を学びます．表現したい情報は HTML という形式で，その見た目は CSS という形式で記述します．本章ではこれら二つの形式について学びます（図 3.1）．

図 3.1 本章で学ぶこと：HTML と CSS

3.1 ウェブブラウザ

ウェブアプリのクライアントはウェブブラウザです．本書で想定するウェブブラウザはいわゆるモダンブラウザ（Chrome, Firefox, Internet Explorer, Opera, Safari の最新版ということにしてもいいでしょう）で，ウェブアプリのクライアントとしては，これ以上こだわることはありません．逆に範囲を狭めて，特定のウェブブラウザでしか動作しないようなウェブアプリを作らないようにしてください[1]．

3.1.1 Firefox

学習や開発で利用することを考えると Firefox が最適です．それは次のような理由からです．

- 無料で自由に使える．
- ウェブアプリ開発に役立つ多くの拡張機能を無料で自由に使える．
- プラットフォームを限定しない．つまり，GNU/Linux と Windows, Mac で動作する．

Firefox のウェブサイト（http://mozilla.jp/firefox/）から Firefox をダウンロードし，インストールしてから先に進んでください[2]．

---

[1] 本書で扱う HTML は，スマートフォンに搭載されたウェブブラウザでも有効ですが，スマートフォンで快適に使えるウェブアプリのためには，ユーザインタフェースに特別な工夫が必要になります．本書では，そのような工夫については割愛します．

[2] アプリケーションの動作確認のためには，他のウェブブラウザもインストールしておくとよいでしょう．

Ubuntu には最初から Firefox がインストールされていますが，端末で次のようなコマンドを実行して，Firefox を Ubuntu がサポートする最新版にしておくといいでしょう．

```
sudo apt-get update
sudo apt-get upgrade firefox
```

3.2 HTML 入門

HTML（HyperText Markup Language）を使ってできることを紹介します．

テキストエディタを使って hello.html というファイルを作り，次のような内容で保存してください（テキストエディタは，Ubuntu なら gedit[3]，Windows ならメモ帳，Mac ならテキストエディットでいいでしょう）．HTML ファイルの拡張子は「.htm」あるいは「.html」とするのが一般的です．

```
<html>
<body>
Hello World!
</body>
</html>
```

ファイルを Firefox などのウェブブラウザで開くと，"Hello World!" とだけ表示されます．

3.2.1 見出し（Heading）：h1–h6

ファイル hello.html の「Hello World!」を「<h1>Hello World!</h1>」に変えると，文字が大きく表示されます．

<h1>のように，< >の中に名前（要素名）が書かれたものをタグとよびます．<html>や<body>もタグです．HTML はタグを使ってデータの性質を記述するマークアップ言語です．

要素名の最初に「/」がつくと終了タグになります．開始タグから終了タグまでを要素と呼びます．この例では，<h1>と</h1>までが h1 要素です．

h1 要素の文字は大きく表示されるといいましたが，文字を大きくすることが h1 要素の意味ではありません．h1 要素の意味は「最上位の見出しである」ということです．文字が大きくなったのは，標準的なブラウザにおいて，最上位の見出しは大きなフォントで表示させることになっているからです．見出しを表す要素は h1 から h6 まであって，数字の小さいものが上位の見出しになります．これらの要素は上位のものから順番に使うのが一般的です．たとえば，h1 要素のすぐ後で h2 要素ではなく h3 要素を使うことはありません．

---

[3] 端末から「gedit hello.html」として起動することもできます．

3.2.2 段落(Paragraph):p

概念

段落を表すにはp要素を使います．

標準的なブラウザでは，段落の間に1行分のスペースができます．

実装

```
<p>段落を表すにはp要素を使います．</p>
<p>標準的なブラウザでは，段落の間に1行分のスペースができます．</p>
```

3.2.3 リンク(Anchor):a

概念

HTML文書から別の文書などにリンクを張れます．

実装

```
<p>HTML文書から<a href="hello2.html">別の文書</a>などにリンクを張れます．</p>
```

/foo/bar/hello.html から/foo/bar/hello2.html にリンクするときに，a要素の href属性は，hello2.html でも/foo/bar/hello2.html のどちらでもかまいません．しかし，リンク先のページは，できるかぎり相対的に指定するようにします．ファイルの位置が/foo/bar から/foo/bar/bas に変わったときに，href属性を相対的に「hello2.html」と書いていた場合には修正の必要はありませんが，絶対的に「/foo/bar/hello2.html」あるいは「./hello2.html」と書いていた場合には，属性値も修正しなければならないからです．この原則はa要素に限らず，ウェブページを作る場合にはいつも有効です．

3.2.4 リスト:ul, ol, dl

HTMLには3種類のリスト(箇条書き)があります[4]．定義リストと番号無しリスト，番号付きリストです．順番に紹介します．

▶ **定義リスト(Definition List)**

概念

dl 要素 見出しと説明からなるリスト(Definition List)
dt 要素 見出し(Definition Term)

---

4) リストのマーカーは list-style-type プロパティ(p.46)で指定します．

dd 要素　説明（Definition Description）

> **実装**
>
> ```
> <dl>
>   <dt>dl 要素</dt>
>   <dd>見出しと説明からなるリスト（Definition List）</dd>
>   <dt>dt 要素</dt>
>   <dd>見出し（Definition Term）</dd>
>   <dt>dd 要素</dt>
>   <dd>説明（Definition Description）</dd>
> </dl>
> ```

▶ 番号無しリスト（Unordered List）

番号無しリストは，次の 2 要素で構成されます．

> **概念**
>
> ・環境を設定する ul 要素（Unordered List）
> ・項目を設定する li 要素（List Item）

> **実装**
>
> ```
> <ul>
>   <li>環境を設定する ul 要素（Unordered List）</li>
>   <li>項目を設定する li 要素（List Item）</li>
> </ul>
> ```

▶ 番号付きリスト（Ordered List）

番号付きリストは，次の 2 要素で構成されます．

> **概念**
>
> 1. 環境を ol 要素（Ordered List）で設定する．
> 2. 項目を li 要素（List Item）で設定する．

> **実装**
>
> ```
> <ol>
>   <li>環境を ol 要素（Ordered List）で設定する．</li>
>   <li>項目を li 要素（List Item）で設定する．</li>
> </ol>
> ```

3.2.5 表：table, tr, th, td

表は，表全体を表す`table`要素と行を表す`tr`要素（Table Row），見出しを表す`th`要素（Table Header），セルを表す`td`要素（Table Data）などで作ります．使用例を以下に示します[5]．

概念

表組みに用いる代表的なタグ

タグ	役割
table	表
caption	表のタイトル
tr	行
th	見出し要素
td	標準の要素

実装

```
実装
<table>
  <caption>表組みに用いる代表的なタグ</caption>
  <tr>
    <th>タグ</th><th>役割</th>
  </tr>
  <tr>
    <td>table</td><td>表</td>
  </tr>
  <tr>
    <td>caption</td><td>表のタイトル</td>
  </tr>
  <tr>
    <td>tr</td><td>行</td>
  </tr>
  <tr>
    <td>th</td><td>見出し要素</td>
  </tr>
  <tr>
    <td>td</td><td>標準の要素</td>
  </tr>
</table>
```

3.3 統合開発環境とウェブサーバの利用

これまでは，テキストエディタでHTMLファイルを作成してきましたが，ここからはIDE（NetBeans あるいは Eclipse）上でHTMLファイルを作成しましょう．統合開発環

---

[5] この表の実装では罫線は表示されません．「`<table border="1">`」などとすれば罫線が表示されますが，このような見た目に関することは，CSS の `border-style` プロパティ（p.46）などで設定します．

境を使えば，HTML の編集や Web サーバでの公開が簡単に行えるようになります．

　プロジェクト javaweb の「Web ページ」を右クリック→新規→「HTML」をクリック，あるいはプロジェクト phpweb の「ソースファイル」を右クリック→新規→「HTML ファイル」をクリックして，新しい HTML ファイルを作れます．ファイル名はこれまでと同じ，`hello.html` にします（図 3.2）．

　左側のウィンドウでファイル名（`hello.html`）を右クリック，「ファイルを実行」（あるいは実行）をクリックするとウェブブラウザが起動し，ページが表示されます（単に「開く」わけではないことに注意してください）．

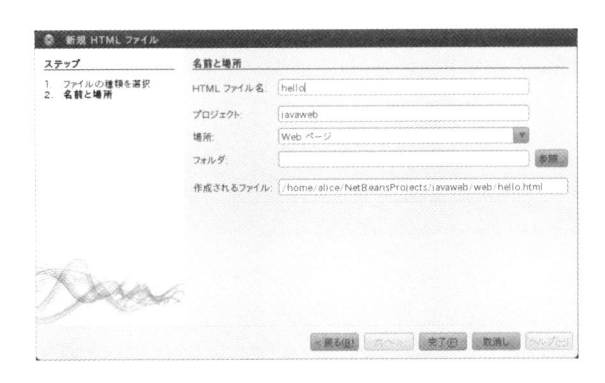

図 3.2　NetBeans で HTML ファイルを新たに作成する

　3.2 節で `hello.html` を開いたときは，ウェブブラウザのアドレス欄は「`file:///home/alice/デスクトップ/hello.html`」のようなものでしたが，今回は「`http://localhost/phpweb/hello.html`」のようになっていることに注意してください．今表示されている HTML 文書は，`localhost` というウェブサーバからクライアントであるウェブブラウザに送信されたものなのです（図 3.3）[6]．

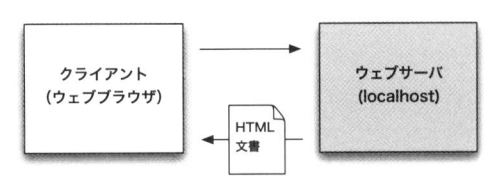

図 3.3　ウェブサーバから送信される HTML 文書

3.4　HTML の主な要素

本節は初読時には飛ばしてもかまいません

HTML 内で利用する主な要素のうち，3.2 節で扱わなかったものを紹介します[7]．

---

[6]　`localhost` 以外を対象に開発したい場合は，Ubuntu と Mac では `/etc/hosts`，Windows では `C:\Windows\System32\drivers\etc\hosts` に利用したいホスト名を登録してください．

[7]　HTML 要素は他にもたくさんありますし，HTML の次期規格である HTML5 では，さらにたくさんの要素が追加される予定です（一部のウェブブラウザではすでにサポートされています）．

3.4.1 画像（IMaGe）：img

適当な画像ファイル（image.png）を用意して，hello.html と同じ場所にドラッグ&ドロップしてください．hello.html を次のように書き換えてウェブブラウザでリロードすると，画像が表示されます．

```
<html>
<body>
<p><img src="image.png" alt="サンプル画像"></img></p>
</body>
</html>
```

画像を提示するには img 要素を使います．提示する画像のファイル名は「src="ファイル名"」のように指定します（「src="http://www.example.net/image.jpg"」のように，ウェブ上の画像を指定することもできます）．このように，開始タグの中で指定するものを属性といいます（img 要素の実体は src 属性で設定するというわけです）．属性の値は引用符（「'」または「"」）で囲みます．img 要素では，画像を表示できないブラウザなどのために，alt 属性を設定することになっています．

この img 要素のように，開始タグと終了タグの間に何も無い場合には，終了タグを書く代わりに，「<img src="image.png" alt="サンプル画像" />」と書くこともできます（つまり開始タグの最後を「>」ではなく「/>」にします）．

3.4.2 改行（forced line BReak）：br

p 要素などの中で強制的に改行したいときに br 要素を使います．改行を
としている資料がたくさんありますが，XHTML（後述）では
</br>（あるいは
）とするのが正しい書き方です．

3.4.3 整形済みテキスト（PREformatted text）：pre

概念

pre 要素中の改行や空白はそのまま表示されます．
そのため，pre 要素はソースコードなどを記述する際によく使われます．

実装

```
<pre>pre 要素中の改行や空白はそのまま表示されます．

そのため，pre 要素はソースコードなどを記述する際によく使われます．</pre>
```

3.4.4 引用（Quotation）：blockquote, q

概念

テキストをまとまった引用文（block-level quotation）として定義〔ママ〕するには，blockquote 要素を使用する．益子貴寛『Web 標準の教科書』（秀和システム，2005）

> **実装**
>
> ```
> <blockquote>
> <p>テキストをまとまった引用文(block-level quotation)として定義〔ママ〕するには，blockquote 要素を使用する．益子貴寛『Web 標準の教科書』(秀和システム，2005) </p>
> </blockquote>
> ```

> **概念**
>
> "比較的短い文章をインラインで引用する場合は q 要素を使用する" ことになっています．

> **実装**
>
> `<p><q>比較的短い文章をインラインで引用する場合は q 要素を使用する</q>ことになっています．</p>`

※ q 要素に対応したウェブブラウザなら引用符が自動的に付きます．

■3.4.5 強調（EMphasis，STRONG emphasis）：em, strong

強調のための要素には em 要素と strong 要素があります．多くのブラウザでは em 要素はイタリック（あるいは斜体）で，strong 要素は太字で表示されます．より強く強調したいときに strong 要素を使うのが正しい使い方ですが，日本語の斜体は美しくありませんし，斜体にならない日本語フォントもありますから，日本語に限っては strong 要素のみを使うことにしてもよいでしょう[8]．

演習：これまでに紹介した要素を利用して，簡単な HTML 文書を作ってみてください．

3.5 HTML Validator

HTML にはさまざまな書き方の決まりがあります．たとえば，「<p>段落中の<strong>strong要素が終わる前に段落が終わる</p></strong>」という HTML は正しくありません．タグは入れ子になっていなければならないからです（正しくは「<p>段落中の<strong>strong要素</strong>が終わってから段落が終わる</p>」）．

このような間違いには，最初はなかなか気がつきません．HTML の間違いに早く気づくためには，そのためのツールを使うのがいいでしょう．Firefox には，そのためのアドオンである HTML Validator があります[9]．

HTML Validator のサイト[10]で，自分の環境にあったものをインストールしてから先に進んでください．インストール直後にアルゴリズム（HTML Tidy と SGML Parser）の選択ダイアログが出たら，「併用」をクリックします．

---

8) CSS の font-style プロパティ (p.46) を使って，em 要素のスタイルを設定し直すこともできます．

9) ウェブ上のサービス The W3C Markup Validation Service (http://validator.w3.org/) にファイルをアップロードして検証することもできます．

10) http://users.skynet.be/mgueury/mozilla/download.html

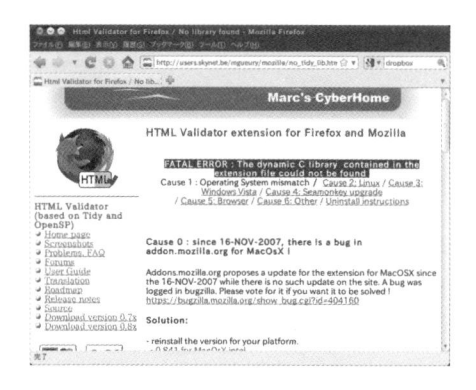

図 3.4 HTML Validator インストール直後の様子
（インストールに失敗している）

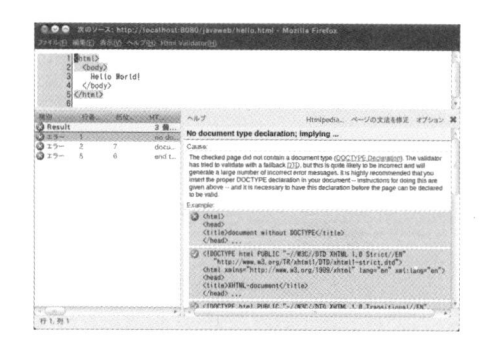

図 3.5 HTML Validator が表示するエラー

Ubuntu 10.04 では図 3.4 のようなインストールが成功していないエラーメッセージが出ます．そのような場合には，表示される解決策に従って，必要なパッケージ libstdc++5[11] をインストールしてから HTML Validator を再インストールしてください．

最初の `hello.html` に戻りましょう（ソース→整形あるいは形式で HTML を整形しました）．

```
<html>
  <body>
    Hello World!
  </body>
</html>
```

この HTML 文書を Firefox で開くと，右下にエラーのアイコン❌が出るはずです．これは，HTML 文書にエラーがあることを示しています．

アイコンをダブルクリックすると図 3.5 のような画面が現れます．エラーの詳細が表示されるので，内容を確認し，HTML 文書を修正します．

最初のエラーは，「No document type declaration（文書型が宣言されていない）」です．文書型宣言の意義は 3.5.1 項で説明します．とりあえず，次のように書けばよいことが説明を読むとわかります．

```
<!DOCTYPE html PUBLIC "-//W3C//DTD XHTML 1.0 Strict//EN"
    "http://www.w3.org/TR/xhtml1/DTD/xhtml1-strict.dtd">
<html xmlns="http://www.w3.org/1999/xhtml" lang="en" xml:lang="en">
<head>
<title>XHTML-document</title>
</head>
<body>
Hello World!
</body>
</html>
```

ファイルを修正して Firefox でリロード（Ctrl+R で再読込）すると，今度は「Hello

---

11) http://packages.ubuntu.com/lucid-backports/i386/libstdc++5/download

World!」のところが「Character data is not allowed here（文字データをここに書くことはできない）」というエラーになります．説明を読むと，「Hello World!」ではなく「<p>Hello World!</p>」と書けばよいことがわかるので，もう一度 HTML ファイルを修正します．

演習: 修正された HTML 文書を Firefox で開いて，右下のマークが ✓（エラーも警告もないということ）になっていることを確認してください．

3.5.1 XHTML

ウェブページの構造を記述する言語である HTML には複数の規格があります．HTML 4.01 Strict や HTML 4.01 Transitional, HTML 4.01 Frameset, XHTML1.0 Strict, XHTML 1.0 Transitional, XHTML 1.0 Frameset, XHTML 1.1 などです．「Strict」がついているものは，タグを厳密に書くことを要求します．曖昧なタグや間違ったタグを書くと HTML Validator がちゃんとエラーとして報告してくれるため便利です．この便利さを考慮して，本書では XHTML 1.0 Strict[12]を用います（例を簡潔にするために後述の文書型宣言や html 要素の xmlns 属性を省略することがあります）[13]．

XHTML 1.0 Strict 文書の枠組みは次のとおりです（タグの入れ子構造がわかりやすくなるように，行頭にスペースを入れていますが，このようなスペースはたいていの場合無視されます）．

```
<?xml version="1.0" encoding="UTF-8" ?>
<!DOCTYPE html PUBLIC "-//W3C//DTD XHTML 1.0 Strict//EN"
  "http://www.w3.org/TR/xhtml1/DTD/xhtml1-strict.dtd">
<html xmlns="http://www.w3.org/1999/xhtml">
  <head>
    <meta http-equiv="Content-Type" content="text/html; charset=UTF-8" />
    <title>タイトル</title>
  </head>
  <body>

  </body>
</html>
```

XHTML 文書は次の要素からなります．

1. XML 宣言
2. 文書型宣言（DOCTYPE 宣言）
3. `html` 要素
   (a) `head` 要素
   (b) `body` 要素

---

[12] XHTML 1.0: 拡張可能ハイパーテキストマークアップ言語（http://www.doraneko.org/webauth/xhtml10/20000126/Overview.html）

[13] ウェブの発明者 Tim Berners-Lee は次のように言っています「自分で書く HTML は Strict にし，人が書くものは Transitional でも受け入れよう」．
(http://www.w3.org/DesignIssues/Principles.html#Tolerance)

XHTML は HTML を XML 形式で書いたもの，つまり XML 文書の一種なので，先頭には XML 宣言を書き[14]，次に文書型宣言（DOCTYPE 宣言）を書きます[15]．XML 文書であることを示すのが XML 宣言，先述の HTML 規格のうちの何に基づいているかを示すのが文書型宣言です．ブラウザがタグをどう解釈するかは，基本的にはこの文書型宣言と html 要素の xmlns 属性[16]で決まります．

残りの要素，head 要素と body 要素は最上位要素である html 要素の中に配置されます．head 要素にはタイトルなど，その文書に関する情報が記述されます．body 要素が文書本体です．

3.5.2　HTML 文書の文字コード

テキストデータは，それがどのような文字コードで書かれているかがわからないと読むことができません．HTML 文書の文字コードは，head 要素内の次のような meta 要素で指定します[17]．

```
<meta http-equiv="Content-Type" content="text/html; charset=UTF-8" />
```

この記述によって，HTML 文書の文字コードが UTF-8 だということがウェブブラウザに伝わります．たくさんの文字コードがありますが，HTML 文書の文字コードは，基本的には常に UTF-8 でかまいません（B.3 節を参照）．上記のような meta 要素を書いて，テキストエディタの「別名で保存」等で，ファイルを UTF-8 で保存してください（meta 要素を書くだけで文字コードが変わるわけではないことに注意してください）．本書で利用する NetBeans や Eclipse では，これらの条件を満たす HTML ファイルが自動生成されます．

3.5.3　妥当な XHTML 文書

妥当な文書（内容はともかく文法的には正しい文書）を書くために注意すべき点をいくつか挙げておきます．

▶ **タグを省略しない**

たとえば，p 要素は，HTML 4.01 では終了タグ（`</p>`）を省略することができます．しかし，XHTML ではタグを省略することはできません．終了タグによって要素の終わりが確実にわかるので，XHTML は HTML よりわかりやすくなります．

---

14) XML 宣言があると正常に動作しなくなるウェブブラウザがかつてあったため，XML 宣言は省略されるのが一般的です．本書でも XML 宣言は省略しています．

15) HTML5 では，文書型宣言が「`<!DOCTYPE html>`」という簡潔なものになります．本書執筆時点では，HTML Validator が HTML5 に対応していなかったため，本書ではこの文書型宣言は使っていません．

16) html 要素の xmlns 属性は，タグの名前空間を指定するためのものですが，本書の範囲ではなくてもかまいません．

17) HTML5 では「`<meta charset="utf-8" />`」という簡潔な記述で文字コードを指定できます．B.3.1 項も参照してください．

br 要素のような空の要素の場合も終了タグは省略しません．つまり，**\
ではなく\
\</br>**と書きます．ただし，これをひとまとめにして**\<br /\>**と書くこともできます．

▶ 特殊文字は文字参照で表す

表 3.1 の 3 文字は HTML では特別な役割をもっているため，文書中で使う場合は文字参照を利用します[18]．

表 3.1 HTML の特殊文字

特殊文字	文字参照
<	\<
>	\>
&	\&

さらに，表 3.2 に挙げたような文字は，間違って使っても文法的には問題ありませんが，意味的には問題が生じます（そして恥ずかしいです）．これらは文字参照を使って記述するようにしてください（「U+数値」は Unicode において文字を参照するための記法です．B.1 節を参照してください）．

表 3.2 よくある間違った文字の使い方

文字	Unicode	文字参照	よくある間違い
–	U+2013, en ダッシュ．「〜」に相当する文字（欧文で使う）	\–	- (U+002D, ハイフン)
—	U+2014, em ダッシュ．説明などの挿入に使う（欧文で使う）	\—	- (U+002D, ハイフン)
'	U+2018, 左引用符	\‘	' (U+0027, アポストロフィ)
'	U+2019, 右引用符	\’	' (U+0027, アポストロフィ)
"	U+201C, 左二重引用符	\“	" (U+0022, 二重引用符)
"	U+201D, 右二重引用符	\”	" (U+0022, 二重引用符)

▶ 属性値は引用符（「"」または「'」）で囲む

HTML では次のように書くことができます．

```
<img src=image.png>
```

しかし XHTML では，属性値は次のように引用符で囲まなければなりません．

```
<img src='image.png'>
```

引用符自体を使いたい場合は，「"」を表す「\"」や「'」を表す「\'」を使います[19]．

---

[18] 文字参照には，「<」を「\<」で表す文字実体参照と，「\<」（\&# のあとに 10 進数;）や「\<」（\&#x のあとに 16 進数;）で表す数値文字参照があります．数値文字参照の数値は Unicode スカラー値です（p. 184 の表 B.2 を参照）．

[19] 「"」で囲まれた属性値中の「'」やその逆はそのままでも問題ないため，うまく使い分けるといいでしょう．

第 3 章　ウェブページの書き方

▶ **要素名・属性名は小文字で書く**

　　　　HTML では要素名や属性名を大文字・小文字のどちらでも書くことができます．しかし，大文字・小文字を区別することになっている XML 文書の一種である XHTML において，小文字で定義されている要素名と属性名は，小文字で書かなければなりません．

演習：エラーが複数個含まれているウェブページを見つけ，そこにあるエラーをまとめてみてください．

演習：XHTML が HTML よりも（コンピュータにとって）扱いやすい理由を考えてください．

　　　　妥当な HTML 文書ならばそれでいいかといえば，そういうわけではありません．たとえば箇条書きを，次のように書いたとしましょう．

```
<p>
・タグを省略しない<br />
・要素名・属性名は小文字で書く<br />
・特殊文字には文字参照で表す
</p>
```

　　　　これで見た目は箇条書きになります．しかし，箇条書きには 3.2.4 項で紹介した ul 要素と li 要素を使うものです．そうすれば，コンピュータプログラムにもその部分が箇条書きだということがわかります．箇条書きを横に並べてメニューにしたいといった場合も，ul 要素と li 要素のスタイルを変更するだけなので簡単です[20]．

　　　　情報にタグを付けてその意味を明確にしておけば，ウェブ上での知識共有がしやすくなることが期待されます[21]．

3.6　スタイルシート

　　　　ウェブページをどのように見せるかは，HTML ファイル内には記述せず，別にスタイルシート（Cascading Style Sheets, CSS）を作ってその中に記述することが推奨されています．こうすることで，ページのデザインの変更が簡単になりますし，HTML 文書は変更せずに，携帯電話や印刷物などウェブブラウザ以外のメディアに対応できるようになります（図 3.6）[22]．

---

20) タグを本来の用途とは違う目的のために誤用する例もたくさんあります．最もよくある間違いは，ページ内の配置をコントロールするために table 要素を使うというものでしょう．

21) それを推進しようというのがセマンティックウェブの考え方です．しかし，ウェブに公開する情報を事前に整理しておくことは，現実にはそう簡単ではありません．まず，ウェブ制作者にかかる負荷が大きいです．必ずしも正しく整理できるわけではないこと，虚偽の情報が付加される危険性も問題です．また，意味付けという観点では XHTML のタグは明らかに種類が不足しているのですが，セマンティックウェブのための拡張を標準化できるのかという疑問もあります．

22) もっとも，内容と見た目は完全に分離できるものではありません．HTML ファイルに見た目に関することを記述しないというのは，一つの原則であって，結局のところ，見た目のうちどの程度をスタイルシートに任せるかは，そのつど判断しなければなりません．

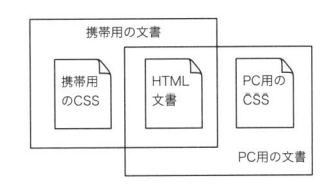

図 3.6　CSS によるメディアコントロール

3.6.1　スタイルの例

▶ **フォントサイズ**

スタイルを指定して，フォントサイズを変更してみましょう．

HTML のリファレンスに載っている font 要素を使って，次のように書きたくなるかも知れませんが，これはよくありません．font 要素は将来廃止されることが決まっている非推奨要素だからです．

```
<p><font size='5'>フォントサイズ</font>を<font size='5'>変更</font>してみましょう．</p>
```

テキストの一部のスタイルを変更するには，対象テキストを span 要素とし，その style 属性で次のように font-size プロパティを指定します．

```
<p><span style='font-size: 14pt;'>フォントサイズ</span>を
<span style='font-size: 14pt;'>変更</span>してみましょう．</p>
```

これでもまだ不満があります．フォントサイズを "14pt" のように絶対指定するべきではありません．標準のフォントサイズを 14pt より大きくしている閲覧者がこのページを見ると，大きく見せたい文字が大きく見えないからです．ですから，フォントサイズは large や 140%のように相対指定しなければなりません[23]．

```
<p><span style='font-size: large'>フォントサイズ</span>を
<span style='font-size: large'>変更</span>してみましょう．</p>
```

まだ改善の余地があります．フォントサイズを large より一段階大きい x-large にすることを想像してみてください．同じ書き換えを 2 回しなければならないのは面倒です．

そこで，同じ規則を適用する部分は，class 属性でグループにしておきます．属性値（ここでは "foo"）は適当な文字列でかまいません．

```
<p><span class='foo'>フォントサイズ</span>を
<span class='foo'>変更</span>してみましょう．</p>
```

こうしておいて，head 要素内で次のようにスタイルを設定します．この方法なら，スタイルを変更したくなったとしても，ここだけを修正すればよいので簡単です．

```
<head>
<style type='text/css'>
span.foo {
  font-size: large;
```

---

[23] larger［smaller］とすると，親要素に対して相対的に大きく［小さく］なります．

```
    }
  </style>
</head>
```

3.6.2 スタイルファイル

上の例では HTML 文書の head 要素内にスタイルを記述しました．しかし，同じスタイルを別の HTML 文書でも使うということはよくあるので，スタイルは別のファイルに記述して，使い回せるようにするのが一般的です．

次のようなファイル style.css を用意し，HTML ファイルと同じ場所に置きます．

```
span.foo {
  font-size: large;
}
```

HTML 文書の head 要素内に次のような meta 要素を記述します．これによって，文書に style.css に記述されたスタイルが適用されます．

```
<link href="style.css" rel="stylesheet" type="text/css" media="all"/>
```

3.6.3 要素の選択方法

次のような HTML 文書（一部）に，スタイルを適用し，図 3.7 右のような見た目にしてみましょう．主なスタイルプロパティを表 3.3（p. 46）にまとめてあるので，参照しながら以下を読んでください．

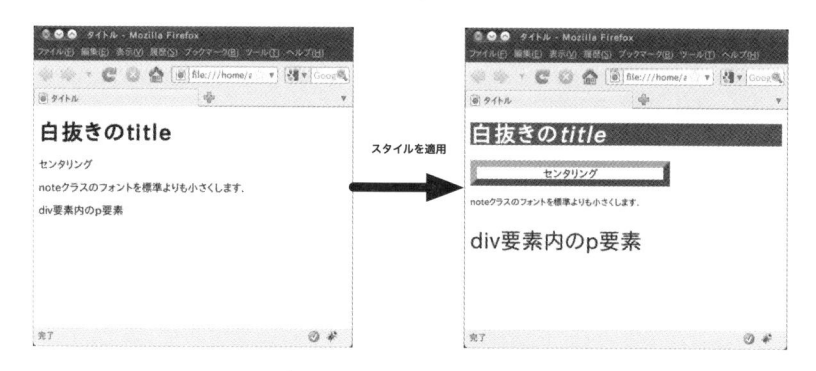

```
<body>
  <h1>白抜きの<span class="strong">title</span></h1>
  <p id="abstract">センタリング</p>
  <p class="note">note クラスのフォントを標準よりも小さくします．</p>
  <div>
    <p class="note">div 要素内の p 要素</p>
  </div>
</body>
```

図 3.7 スタイルの適用例

スタイルは，「セレクタ { プロパティ: 値;}」の形で記述します．

セレクタに要素名を書くことで，特定の要素だけを選択できます．次のように書くと，最上位見出し (h1 要素) が白，その背景の RGB 値が 16 進数の 505050 になります（「h1, h2」のようにコンマで区切ることで，複数の要素のスタイルをまとめて指定することもできます．すべての要素を対象にしたい場合は「*」を使います）．

```
h1 {
  color: white;
  background-color: #505050;
}
```

セレクタに「.クラス属性値」クラスあるいは「*.クラス名」と書くことで，特定の class 属性値をもつ要素だけを選択できます．クラスは複数の要素に同じスタイルを適用したい場合に使います．次のように書くと，class 属性値が "strong" のものがイタリック体に，"note" のもののフォントサイズが small になります．

```
.strong {
  font-style: italic;
}
.note {
  font-size: small;
}
```

セレクタに「#id 属性値」と書くことで，特定の id 属性値をもつ要素だけを選択できます（class 属性が同じ要素は HTML 文書中に複数存在できますが，id 属性が同じものが文書中に複数あってはいけません）．次のように書くと，id 属性値が "abstract" のものをセンタリングし，幅を 60 %にして，太さ 10 px の枠を付け，内容全体を凸表示します．

```
#abstract {
  text-align: center;
  width: 60%;
  border-width: 10px;
  border-style: outset;
}
```

要素名を並べて書くことで，要素の系列を指定することができます．たとえば，「div > p」というセレクタは，div 要素の子要素である p 要素だけを指定します[24]．次のように書くと，div 要素の子要素である p 要素で，class 属性値が "note" のもののフォントサイズが xx-large になります（div 要素は p. 43 で紹介した span 要素と同様，グループを作るための要素です．span 要素は文章中に配置するインライン要素であるのに対し，div 要素は独立した固まりであるブロックレベル要素です）．

```
div > p.note {
  font-size: xx-large;
}
```

ここまで書いたスタイルをよく見ると，div 要素の子要素である p 要素には，「.note

---

[24] セレクタが「div p」ならば，div 要素の子孫要素である p 要素を指定します（子要素だけではありません）．セレクタが「div > p」ならば，div 要素の子要素である p 要素だけを指定します．

表 3.3 主なスタイルプロパティ

プロパティ	説明
clear	`float` プロパティでフロートした要素への回り込みを解除する．指定できる値には `left`, `right`, `both` などがある．
color	`black`, `red`, `white` などの名前や `#f00` や `#ff0000` などの RGB で色を指定する．
content	生成内容を指定する．指定方法は p.47 のコラムを参照．
cursor	マウスカーソルの形を指定する．指定できる値には，`auto`, `crosshair`, `default`, `pointer`, `move`, `text`, `wait`, `help` などがある．
background-attachment	背景画像の `scroll`（移動）・`fixed`（固定）を指定する．
background-color	背景色．指定方法は `color` プロパティと同じ．
background-image	「`background-image: url("image.png")`」のように背景画像を指定する．
background-position	背景画像の初期位置を二つの値で指定．指定できる値は，{ パーセンテージ, 長さ, `top`, `center`, `bottom` } と { パーセンテージ, 長さ, `left`, `center`, `right` }
background-repeat	背景画像の繰り返し方を指定する．指定できる値は `repeat`, `repeat-x`, `repeat-y`, `no-repeat`.
border-collapse	`table` 要素のボーダーと `th` 要素や `td` 要素のボーダーを指定する．指定できる値は `separate`（分離）と `collapse`（統合）．
border-color	ボーダー（図 4.4 参照）の色を指定する．指定方法は `margin` プロパティと同じ．
border-style	ボーダー（図 4.4 参照）の形状を指定する．指定できる値には，`none`（なし），`hidden`（なし），`dotted`（点線），`dashed`（波線），`solid`（実線），`double`（二重線），`groove`（凹線の枠），`ridge`（凸線の枠），`inset`（内容を凹表示），`outset`（内容を凸表示）がある．
border-width	ボーダー（図 3.8 参照）の太さを指定する．指定方法は `margin` プロパティと同じ．
display	`block` と指定すればブロックに，`inline` とすればインラインになる．`none` とすると表示されない（`visibility: hidden` と違い，ボックス自体が生成されない）．
float	ボックスを移動させ，ほかの要素を回り込ませる．移動先を `left` あるいは `right` で指定する．回り込みを解除するには `clear` プロパティを指定する．
font-family	フォントファミリーを指定する．フォント名を指定することもできるが，クライアントにそのフォントがない場合に備えて，`serif`, `sans-serif`, `cursive`, `fantasy`, `monospace` のいずれかを指定するのがよい．
font-size	フォントのサイズを，パーセンテージや `xx-xmall`, `x-small`, `small`, `medium`, `large`, `x-large`, `xx-large` などで指定する．
font-style	フォントのスタイルを `normal`（通常体），`italic`（イタリック）などで指定する．
font-weight	フォントの太さを `normal`（標準），`bold`（ボールド），`bolder`（太く），`lighter`（細く）で指定する．
height	内容領域（図 3.8 参照）の高さを指定する．長さやパーセンテージ，`auto` を指定できる．
list-style-image	「`list-style-image: url(images/marker.png);`」のようにして，マーカーの画像を指定する．
list-style-type	箇条書きのマーカーを指定する．指定できる値には，`none`, `disc`, `circle`, `square`, `lower-roman`, `upper-roman`, `lower-alpha`, `upper-alpha`, `decimal` などがある．
margin	マージン（図 3.8 参照）を指定する．指定方法は本文（3.6.4 項）を参照．
padding	パディング（図 3.8 参照）を指定する．指定方法は `margin` プロパティと同じ．
position	配置方法を指定する．指定できる値は，`static`（通常配置），`relative`（本来の位置から相対的に移動），`absolute`（絶対配置），`fixed`（絶対配置，スクロールもしない）．`static` 以外の値を指定したときは，`top`, `right`, `bottom`, `left` プロパティで位置を指定する．
text-align	テキストの行揃えを，`left`, `right`, `center`, `justify`（両端揃え）で指定する．
text-decoration	テキストの装飾を，`none`（なし）や `underline`（下線）で指定する．
visibility	`visible` とすると可視に，`hidden` とすると不可視になる（`display: none` と違い，ボックスが生成される）．
width	内容領域（図 3.8 参照）の幅を指定する．長さや割合，`auto` を指定できる．
z-index	重なり順序を指定する．指定できる値は整数で，値が大きいものほど上に表示される．

{font-size: small}」と「div > p.note {font-size: xx-large}」という両立し得ないスタイルが指定されています．スタイル指定が複数あるときは，セレクタが同じ場合は後に書いたものが指定されます．セレクタが同じではない場合については，「個別性の高いものが優先される」というルールがあります．今の場合，「.note」と「div > p.note」では，後者のほうが個別性が高いため，こちらが適用されます．

HTMLファイルの妥当性を検証するHTML ValidatorのCSS版であるW3C CSS検証サービス[25]があります．このようなサービスを適宜利用して，自分の書いたスタイルファイルの妥当性をチェックするといいでしょう．

COLUMN メディアコントロール

ブラウザ上で「ここ を参照」のように表示されるリンクは，印刷するとまったく役に立たなくなります（これがまさにその実例です）．このような問題を回避するため，スタイルシートは適用メディアを特定できるようになっています．特定できるメディアタイプには，all, screen, print, handheld などがあります．詳細はW3Cの文書「Cascading Style Sheets, level 2 Specification」(http://www.y-adagio.com/public/standards/tr_css2/forwrd.html)を参照してください（本書の執筆時点では，CSSの次期規格であるCSS3の策定が進められています．CSS3の一部はすでに多くのウェブブラウザでサポートされているので，調べてみるといいでしょう）．

印刷したときに，「ここ (http://www.example.net/) を参照」になるようにするには，次のようにスタイルを指定します（attr(x) は対象要素のx属性の値です）．

```
@media print {
  a: after {content: " ("attr(href)") "}
}
```

3.6.4 ボックスモデル

本項は初読時には飛ばしてもかまいません

スタイルシートでサイズを指定する際には，ボックスモデルという概念を理解しておく必要があります．

HTML文書の各要素はボックスとよばれる四角形の中に配置されます（図3.8）．ボックスは，マージン（margin）とボーダー（border），パディング（padding），内容領域という四つの領域からなります．これらの領域のサイズとこのボックスの位置を指定することによって，HTML文書中に要素を適切に配置することができます．

マージンのサイズには，次の四つの記述法があります（パディングも同様です）[26]．

「margin: 0px;」　上下左右のマージンが 0px になる．

---

[25] http://jigsaw.w3.org/css-validator/

[26] マージンやパディングのデフォルト値はブラウザによって異なります．ブラウザによる見た目の違いをなくしたいときは，まず「* {margin: 0px; padding: 0px;}」として，これらをリセットします．

「`margin: 1px 2px;`」 上下のマージンが 1px，左右のマージンが 2px になる．

「`margin: 3px 4px 5px;`」 上マージンが 3px，左右のマージンが 4px，下マージンが 5px になる．

「`margin: 6px 7px 8px 9px;`」 上マージンが 6px，右マージンが 7px，下マージンが 8px，左マージンが 9px になる．

ボーダーのサイズは「`border-width: 10px;`」，内容領域のサイズは「`height: 100px; width: 50%;`」のように指定します（割合で指定すると，その要素を包含するブロックに対する割合になります）．

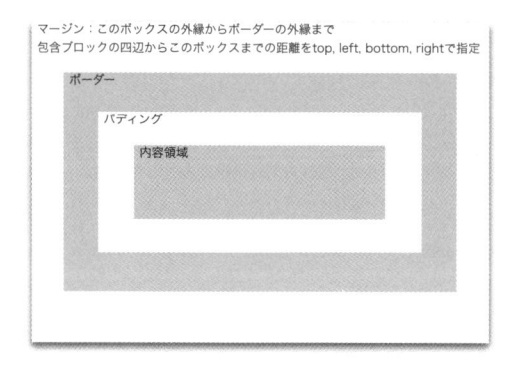

図 3.8 ボックスモデル

3.6.5 CSSを用いたページレイアウト

本項は初読時には飛ばしてもかまいません

CSS を用いてページをレイアウトする基本的な方法を紹介します．かつては，ページのレイアウトはフレームや `table` 要素を使って行われることがほとんどでした．しかし，フレームは XHTML 1.0 Strict では使えません．また，`table` 要素は表のためのものであって，表のように並べて見せるためのものではないため，レイアウトには向きません．見た目の問題はスタイルシートで解決しましょう．

ページレイアウトの例として，図 3.9 のようにページを 2 列にする方法を紹介します．

図 3.9（左）のスタイルを適用する HTML 文書は次のようになります（スタイルは図中に記載）．

```
<div id='sidebar'>
  ここにサイドバーの内容を記述する．
</div>
<div id='main'>
  ここにメインコンテンツを記述する．
</div>
```

図 3.9（右）のスタイルを適用する HTML 文書は次のようになります（スタイルは図中に記載）．

```
<div id='wrapper'>
  <div id='main'>
    ここにメインコンテンツを記述する．
  </div>
  <div id='sidebar'>
    ここにサイドバーの内容を記述する．
  </div>
</div>
```

3段組やヘッダー，フッターなど，ここで紹介したより複雑なレイアウトも，スタイルシートで実現できます[27]．

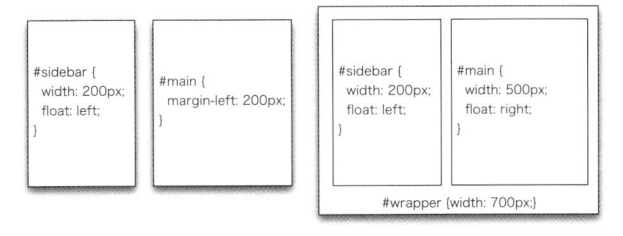

```
#sidebar {
  width: 200px;
  float: left;
}

#main {
  margin-left: 200px;
}

#sidebar {
  width: 200px;
  float: left;
}

#main {
  width: 500px;
  float: right;
}

#wrapper {width: 700px;}
```

図 3.9　CSS によるページレイアウト

COLUMN　ウェブ標準

　本文中で述べたように，HTML 文書はまず，文法的に正しくなければなりません．さらに，内容と外観を分離するという規範があります．

　HTML 文書の正しい形式は，一般に「ウェブ標準」とよばれます．ウェブ標準の概要については，益子貴寛『Web 標準の教科書』（秀和システム，2005）が参考になります．この本は，HTML のリファレンスマニュアルにもなります．

　HTML や CSS に慣れるまでは，リファレンスマニュアルは必須です．「初心者のためのホームページ作り」（http://www.scollabo.com/banban/）のようなリファレンスマニュアルをウェブで見つけることができるでしょう．大藤幹『詳解 HTML & XHTML & CSS 辞典』（秀和システム，第 5 版，2011）のような書籍も便利です．

　リファレンスマニュアルを選ぶ際は，新しい標準に準拠していることを確認してください．たとえば，XHTML を扱っていないものやタグが大文字のものは古いと思っていいでしょう．

　正確な情報を得たい場合はまず，W3C (The World Wide Web Consortium: http://www.w3.org/) の文書「XHTML 1.0: 拡張可能ハイパーテキストマークアップ言語」（http://www.doraneko.org/webauth/xhtml10/20000126/Overview.html）にあたってください．

COLUMN　ウェブデザイン

　ウェブサイトを使いやすくするためには，デザインをよくしなければなりません．デザインといっても，「ユーザの視点に立つ」といった基本的なことは，一般の「デザイン」と共通しているはずです．そういう意味では，Norman『誰のためのデザイン？』（新曜社，1990）が最初に読みたい文献です（キーボード配列の歴史について，事実誤認があるようですが）．

　ウェブに特化した事柄については，「Jakob Nielsen 博士の Alertbox」（http://www.usability.gr.jp/alertbox/）が参考になります．ウェブデザインにはいくつかの型（パターン）がありますが，Tidwell『デザイニング・インターフェース』（オライリー・ジャパン，第 2 版，2011）はそれらをよく集めています．

---

[27]　益子貴寛『Web 標準の教科書』（秀和システム，2005）

「アクセシビリティを高める」，「ユニバーサルデザインにする」ということがよくいわれますが，これは「利用者を限定しない」とか「広汎な人が利用できるようにする」という意味です．ユニバーサルであるためには，文書の意味的な構造を正しくタグ付することが第一です．そのような目的のためには，Morvilleほか『Web情報アーキテクチャ』（オライリー・ジャパン，第2版，2003）や神崎正英『ユニバーサルHTML/XHTML』（毎日コミュニケーションズ，2000）が参考になります．マウスを使えない人や色覚に障害のある人でも利用できるようにすべきサイトはたくさんあります．このような問題について考える際には，まずW3Cの文書「ウェブコンテンツ・アクセシビリティ・ガイドライン1.0」（http://www.zspc.com/documents/wcag10/）を読むとよいでしょう．

アクセシビリティから離れて，CSSでできることを追求したいという場合には，実際にCSSを使って高度なデザインをしているサイトのソースを読んでみるとよいでしょう．4.4節で紹介するFirebugがウェブサイトのスタイルを調べる際に役立つでしょう．いきなり実例を読むのは難しいという場合は，大藤幹『世界の「最先端」事例に学ぶCSSベスト・プラクティス』（毎日コミュニケーションズ，2007）のような解説が助けになります．

CSSによるデザインを究めたいという場合は，css Zen Garden（http://www.csszengarden.com/）に行ってみてください．このサイトのガイド，Sheaほか『CSS Zen Garden Book』（毎日コミュニケーションズ，2006）も出版されています．

CHAPTER 4 ウェブブラウザ上で動作するプログラム

ウェブブラウザ上で何らかの処理を行うためには，プログラムが必要です．ウェブブラウザ上で動くプログラムは，JavaScript（図 4.1）のプログラムです．本章では，JavaScript の書き方を学び，それを応用して，Google Maps をプログラムで操作します．

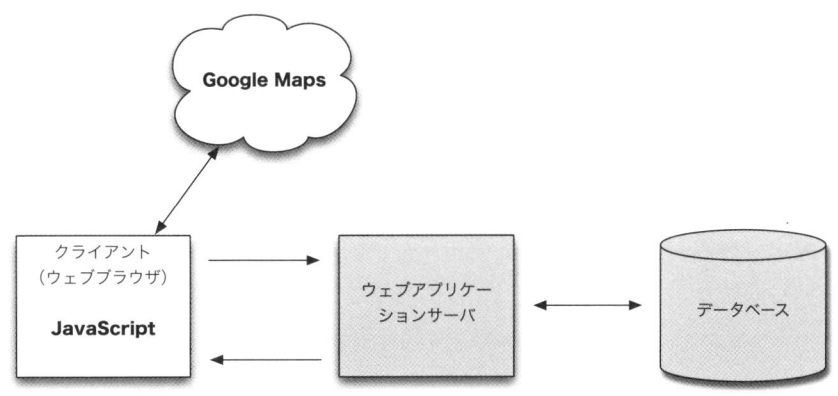

図 4.1　本章で学ぶこと：JavaScript

4.1　JavaScirpt の書き方

HTML や CSS で作られるウェブページは静的，つまり変化のないものです．ウェブページ上で何らかの情報処理やユーザとのインタラクションを行いたいときには，ページ上でプログラムを動かさなければなりません．そのような場合に用いるプログラミング言語が JavaScript です[1]．名前が Java と似ていますが，両者にとくに深い関係はありません．

JavaScript のコードは HTML 文書の script 要素の中に書くことができます[2]．次のような script 要素を持つ HTML 文書をウェブブラウザで表示すると，JavaScript のプログラムが実行され，関数 alert() に引数として与えられた文字列がダイアログボック

---

[1] JavaScript は，ウェブページ中以外にも，ブックマークに登録しておいて実行するブックマークレットや，任意のウェブページ上で独自のスクリプトを動かせるようにするユーザサイドスクリプトなどの用途があります（Firefox でユーザサイドスクリプトを動かすためには，アドオン Greasemonkey を使います）．これらもウェブ技術の一部ではありますが，ウェブアプリそのものではないので，本書では割愛します．

[2] XHTML 文書中に直接書けないような文字があるときは，全体を「//<![CDATA[」と「//]]>」で挟みます．そこに書いたものは単なる文字（Character DATA）とみなされます．

スに表示されます（図 4.2）．

図 4.2 「alert("Hello World!");」の結果

```
<html>
  <head>
    <script type="text/javascript">
      alert("Hello World!");
    </script>
  </head>
  <body></body>
</html>
```

JavaScript のコードは，HTML 文書中ではなく，単独のファイルに書くこともできます．「alert("Hello World!");」とだけ書いたファイル hello.js を用意し，次のような script 要素で読み込むこともできます．内容のない要素ではないので，開始タグの末尾を「/>」として終了タグを省略することのないように注意してください．JavaScript のファイルの拡張子は「.js」とするのが一般的です．

```
<script src="hello.js" type="text/javascript"></script>
```

4.2 jQuery

JavaScirpt はウェブブラウザ上で直接動作するほとんど唯一の言語ですが，その振る舞いがウェブブラウザによって少しずつ異なっていることや，ウェブページを操作するための機能が貧弱なことが理由で，そのまま使われるということはあまりありません．ウェブブラウザ間の差異を隠蔽したり，ウェブページを操作しやすくするための機能を組み込んだライブラリを使うのが一般的です．本書では，そのようなライブラリの中で，最もよく使われているものの一つである jQuery を利用します[3]．

ここでの目的はウェブブラウザ上でプログラムを動かすことであり，JavaScript について学ぶことではないため，jQuery の仕様の詳細は割愛し，jQuery でどのようなことができるのかを，具体例を使って紹介します[4]．その後で，JavaScript と C 言語の違いをまとめます．

[3) よく使われるライブラリには，jQuery のほかに Prototype や YUI (Yahoo! User Interface Library)，Dojo，MooTools などがあります．jQuery には，ユーザインターフェースを構築するための jQuery UI (http://jqueryui.com/) や，jQuery に依存するプラグイン (http://plugins.jquery.com/) が豊富にあるので，試してみるといいでしょう．

4) jQuery の詳細はリファレンス (http://api.jquery.com/) を参照してください．

■ 4.2.1 jQueryの導入

HTML文書のhead要素に以下のように記述することで，jQueryが使えるようになります[5]．引数の"1.5.0"は本書執筆時点でのjQueryの最新バージョンを表しています[6]．

```
<script type="text/javascript" src="http://www.google.com/jsapi"></script>
<script type="text/javascript">
  google.load("jquery", "1.5.0");
</script>
```

■ 4.2.2 要素へのアクセス

jQueryには，HTML文書の要素に簡単にアクセスする手段が用意されています[7]．その記述方法は3.6.3項で紹介したCSSのセレクタとほとんど同じです．以下に例を挙げます．

$("**要素名**")　要素名を指定して要素を選択する．

$("**#id 属性値**")　id属性値を指定して要素を選択する．

$("**.class 属性値**")　class属性値を指定して要素を選択する．

$("要素名")や$(".class 属性値")では複数の要素が選択されます．「$("要素名:first")」とすれば，該当する要素のうち，最初のものが選択されます（この記法は9.4節で使います）．該当するすべての要素について同じ処理をしたいときは，続けて「.each(function() { 処理 });」と書きます．処理の中で対象要素にアクセスしたいときは，$(this)を使います．以下のコードによって，クラス属性値が「foo」の要素の内容がすべてダイアログで表示されます．

```
$(".foo").each(function() {
  alert($(this).text());
});
```

■ 4.2.3 ページが読み込まれたときの動作

「$(document).ready(function() { 処理 });」というコードによって，ページが読み込まれたときに行う処理を記述できます．以下のコード（ready.html）では，ページが読み込まれたときに，先述の関数alert()を使ってメッセージを出し，body要素の背景を黒にします．「$("要素名")」で要素を選択できるのは先に述べたとおりです．

```
<script type="text/javascript" src="http://www.google.com/jsapi"></script>
<script type="text/javascript">
```

---

5) この方法を使う場合には，インターネットにアクセスできる環境にいる必要があります．そうでない場合は，jQueryのサイト（http://jquery.com/）からjquery-バージョン番号.min.jsというファイルをダウンロードしてHTMLファイルと同じディレクトリに置き，head要素に「<script type="text/javascript" src="ファイル名"></script>」と書いておきます．

6) http://code.google.com/intl/ja/apis/libraries/

7) http://api.jquery.com/category/selectors/

```
    google.load("jquery", "1.5.0");
  </script>
  <script type="text/javascript">
    $(document).ready(function() {
      alert("ページが読み込まれた");
      $("body").css("background-color", "black");
    });
  </script>
```

4.2.4 クリックしたときの動作

「$(セレクタ).click(function() { 処理 });」というコードによって，要素がクリックされたときの動作を記述できます．以下のコード（click.html）では，ボタン（button要素）がクリックされたときに，スタイルを「display: none;」として非表示にしていたdiv要素（赤い正方形）が出現します[8]．

```
<head>
  <meta http-equiv="Content-Type" content="text/html; charset=UTF-8" />
  <title>クリックしたときの動作</title>
  <script type="text/javascript" src="http://www.google.com/jsapi"></script>
  <script type="text/javascript">
    google.load("jquery", "1.5.0");
  </script>
  <script type="text/javascript">
    $(document).ready(function() {
      $("#button").click(function() {
        $("#target").show('slow');
      });
    });
  </script>
</head>
<body>
  <p><button id='button'>クリック</button></p>
  <div id="target" style="display: none; width: 150px; height: 150px;
background-color: red;"></div>
</body>
```

演習：実際に HTML 文書を用意して，これまでに紹介した jQuery の例を試してください．

4.3 JavaScript と C 言語の違い

jQuery でできることの例を前節で示しました．JavaScript のコードの見た目は C 言語に似ていますが，C 言語のコードがそのまま動くわけではありません．本書を読むのに必要な事柄に限定して，JavaScript の C 言語との違いをまとめると，以下のようになります．

- 配列 x のサイズを「x.length」で取得できる．

---

[8] 「.show('slow')」の代わりに，スタイルを操作する css() を使って「.css('display', 'block')」としてもいいでしょう．

- 変数 x を「var x」で宣言する（C 言語の「int x」や「double x」のように型を指定する必要はない）．
- 文字列の末尾に '\0' を置かない．
- 文字列リテラルは「' 文字列 '」でも「" 文字列 "」でもよい（/は\と書く）．
- 文字列は「+」で結合できる．「"abc" + "def"」の結果は「"abcdef"」である．
- オブジェクトリテラルや JSON（JavaScript Object Notation）と呼ばれるオブジェクトのための記法がある（4.4 節を参照）．
- 関数はオブジェクトである．
  - 「function(パラメータリスト) { 処理 }」という記述で（無名の）関数を表せる．
  - 「var f = function(x) { return 10 * x; };」とすれば，「f(5)」の結果は 50 になる．
  - 関数を関数の引数にできる．上記に続いて「function b(g, x) { return g(x); }」とすれば，「b(f, 5)」の結果は 50 になる．
  - 「b(function(x) { return x * 10; }, 5)」のように，関数定義をその場で書くこともできる（この式の結果は 50）．

4.4 Firebug による JavaScript の動作の調査

本節は初読時には飛ばしてもかまいません

　　Firefox には，JavaScript の動作を調べるためのアドオン Firebug があります．これはとても強力なアドオンで，Firebug があるから Firefox を使うという人もいるくらいです．Firebug にはたくさんの機能がありますが，ここでは JavaScript の変数の内容を調べるという最も基本的な機能を紹介します．Firebug のウェブサイト（http://getfirebug.com/）で Firebug をインストールしてから先に進んでください．

　　Firebug は，「Firefox のメニュー→ツール→ Firebug → Firebug を開く」で起動します（右下の虫のアイコンでも起動できます）．「console.log(調べる対象);」というコードで，JavaScript のさまざまなオブジェクトについて調べることができます．コンソールタブをクリックして有効にし，以下のような JavaScript を含んだ HTML 文書を開くと，図 4.3（左）のように，Firebug の画面内に「Hello World!」と表示されます．

```
<script type="text/javascript">
  console.log("Hello World!");
</script>
```

　少し複雑な例を試しましょう．

　　JavaScript では，「var 変数名 = { キー 1:値 1, キー 2:値 2, ...};」という書き方でキーと値のペア（プロパティ）を一つの変数に格納することができます．このようにオブジェクトを作成する記法をオブジェクトリテラルとよびます[9]．オブジェクトリテラルを文字列にしたものが JSON です．

---

[9] オブジェクトリテラルにおいて，キーに対応する値が配列のときは，[要素, ...] と書きます．

オブジェクトリテラルとJSONの使用例を以下に示します（Firebugで確認した結果が図4.3右）．JSONの処理はjQueryで行うのが簡単です．

```
<script type="text/javascript">
  var person1 = { firstName: "taro", lastName: "yabuki" };  // オブジェクトリテラル
  console.log(person1);

  var json = '{ "firstName": "k", "lastName": "t" }';  // JSON
  var person2 = jQuery.parseJSON(json);
  console.log(person2);
</script>
```

演習：オブジェクトの属性に，`person.firstName`あるいは`person['firstName']`のような記法でアクセスできることを確かめてください．

図 4.3　Firebug の実行例

4.5　Google Maps API

本節は初読時には飛ばしてもかまいません

　Google Maps APIは，ウェブページの中で簡単にGoogle Mapsを使うための仕組み（API）です．ウェブサイトのチュートリアル[10]を読んでから，適宜リファレンス[11]を参照しながら大量にある例[12]のソースコードを読んでいけば，使い方がわかるようになっています．

　ここでは，指定した位置（緯度と経度）を中心とする地図を描く方法と地図上にマーカーを置く方法，指定した住所を中心とする地図を描く方法を紹介します．

4.5.1　指定した位置（緯度・経度）を中心とする地図

　Google Maps APIのウェブサイトのチュートリアルで紹介されている指定した位置（緯度と経度）を中心とする地図を描く方法を少し改良して，緯度と経度をテキストボックスで入力できるようにし

---

10) http://code.google.com/intl/ja/apis/maps/documentation/javascript/tutorial.html
11) http://code.google.com/intl/ja/apis/maps/documentation/javascript/reference.html
12) http://code.google.com/intl/ja/apis/maps/documentation/javascript/examples/

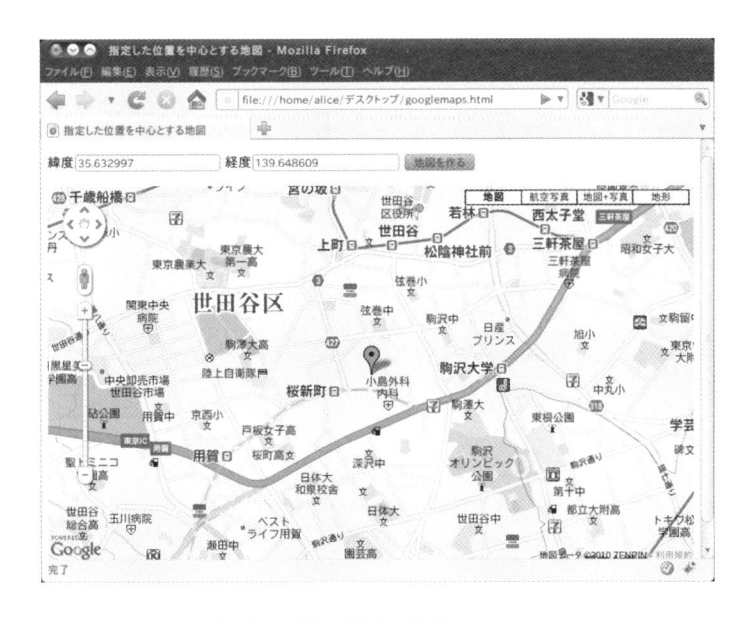

図 4.4 指定した位置（緯度・経度）を中心とする地図

ます．

テキストボックスは「`<input id="id属性" type="text" value="" />`」というタグで作ります（5.2.1 項で詳しく説明します）．その value 属性がテキストボックスの値となります．

以下のような HTML ファイル（googlemaps.html）で試します（図 4.4）．

```
<!DOCTYPE html PUBLIC "-//W3C//DTD XHTML 1.0 Strict//EN"
 "http://www.w3.org/TR/xhtml1/DTD/xhtml1-strict.dtd">
<html xmlns="http://www.w3.org/1999/xhtml">
  <head>
    <meta http-equiv="Content-Type" content="text/html; charset=UTF-8" />
    <style type="text/css">
      html, body { height: 100%; }
    </style>
    <script type="text/javascript"
         src="http://maps.google.com/maps/api/js?sensor=false">
    </script>
    <script type="text/javascript" src="http://www.google.com/jsapi"></script>
    <script type="text/javascript">
      google.load("jquery", "1.5.0");
    </script>
    <script type="text/javascript" src="googlemaps.js">
    </script>
    <title>指定した位置を中心とする地図</title>
  </head>
  <body>
    <p>
      緯度 <input id="lat" type="text" value="35.632997" />
      経度 <input id="lng" type="text" value="139.648609" />
      <button id="button">地図を作る</button>
    </p>
    <div id="map_canvas" style="width: 100%; height: 90%;"></div>
  </body>
```

```
    </html>
```

jQueryを使って，「`$("#id 属性値").val()`」と書けば，JavaScriptでテキストボックスの値（緯度と経度）を取得できます．そこから先はウェブで公開されているチュートリアルと同様です．以下のようなコードで指定した位置を中心とする地図を，`id`属性が「`map_canvas`」である`div`要素のところに描きます（コードが長くなるので，以下のようなファイル`googlemaps.js`に記述します．ファイルを修正したときは，`googlemaps.html`をリロードしてください）．

```
$(document).ready(function() {
  $("#button").click(function() {
    // input 要素の値を取得し，マップの中心を決める
    var lat = $("#lat").val();
    var lng = $("#lng").val();
    var myCenter = new google.maps.LatLng(lat, lng);

    // 地図のオプション
    var myOptions = {
      zoom : 14,
      center : myCenter,
      mapTypeId : google.maps.MapTypeId.ROADMAP
    };

    // 地図の生成
    var myMap
      = new google.maps.Map(document.getElementById("map_canvas"), myOptions);

    // マーカーの生成
    new google.maps.Marker( {
      position : myCenter,
      map : myMap,
      title : "Hello World!"
    });
  });
});
```

演習：指定した位置（緯度・経度）を中心とする地図を描くためのHTMLとJavaScriptを実装し，動作を確認してください．

4.5.2 指定した住所を中心とする地図

以下のようなHTMLファイル（`addressmaps.html`）で，図4.5のような指定した住所を中心とする地図を描くために，住所を入力するためのテキストボックスを作ります．

```
<!DOCTYPE html PUBLIC "-//W3C//DTD XHTML 1.0 Strict//EN"
  "http://www.w3.org/TR/xhtml1/DTD/xhtml1-strict.dtd">
<html xmlns="http://www.w3.org/1999/xhtml">
  <head>
    <meta http-equiv="Content-Type" content="text/html; charset=UTF-8" />
    <style type="text/css">
      html, body { height: 100%; }
    </style>
    <script type="text/javascript"
            src="http://maps.google.com/maps/api/js?sensor=false"></script>
    <script type="text/javascript" src="http://www.google.com/jsapi"></script>
    <script type="text/javascript">
```

```
      google.load("jquery", "1.5.0");
    </script>
    <script type="text/javascript" src="addressmaps.js"></script>
    <script type="text/javascript">
      $(document).ready(function() {
        $("#button").click(function() {
          var address = $("#address").val(); // input 要素の値を取得
          drawMap(address); // 地図を生成する
        });
      });
    </script>
    <title>指定した住所を中心とする地図</title>
  </head>
  <body>
    <p>
      <input id="address" type="text" value="東京都世田谷区新町３丁目" size="50" />
      <button id="button">地図を作る</button>
    </p>
    <div id="map_canvas" style="width: 100%; height: 90%;"></div>
  </body>
</html>
```

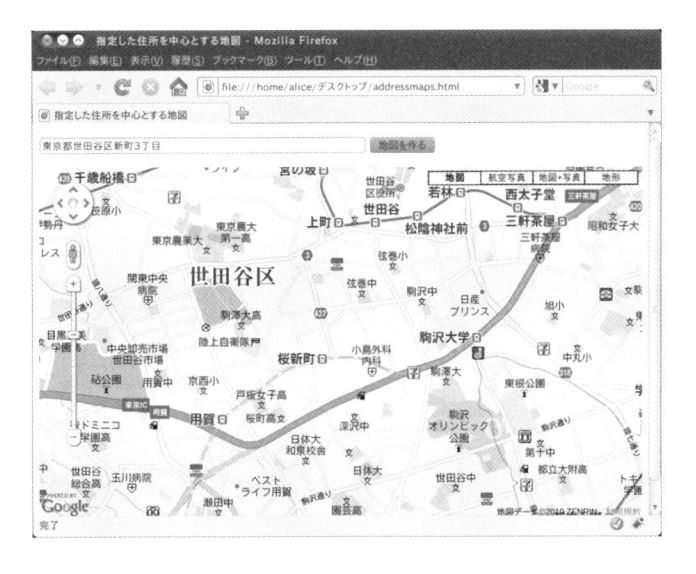

図 4.5　指定した住所を中心とする地図

　テキストボックスに入力した住所は，先の場合と同様に jQuery の「.val()」で取得できますが，今度はそれに対応する緯度と経度を求めなければなりません．そのためには Google Maps API の Geocoder を使います[13]．このオブジェクトを「.geocode({address: 住所}, 後の処理);」という形で使うと，住所から緯度と経度が求められます．後の処理は二つの引数をもつ関数として記述することになっています．以下に示すコードの関数 createMap() がそれに相当します[14]．必要な関数をファイル addressmaps.js に記述します．

---

13)　Geocoder の詳細はウェブ上のリファレンスを参照してください．

14)　動作する様子を詳しく調べたい場合には，変数 result の内容を Firebug で見てみるといいでしょう．

第4章　ウェブブラウザ上で動作するプログラム

```
// geocode のための，地図を生成するコールバック関数
function createMap(result, status) {
  if (status == google.maps.GeocoderStatus.OK) {
    //console.log(result);
    var myPosition = result[0].geometry.location;
    var myOptions = {
      zoom : 14,
      center : myPosition,
      mapTypeId : google.maps.MapTypeId.ROADMAP
    };
    var myMap = new google.maps.Map(document.getElementById("map_canvas"), myOptions);
  }
}

// 住所から位置を取得し，地図を生成する
function drawMap(myAddress) {
  // 住所から位置を取得するためのオブジェクト
  var geocoder = new google.maps.Geocoder();

  // 住所から位置を取得し，その結果を使って地図を生成する
  geocoder.geocode( {
    address : myAddress
  }, createMap); // コールバック関数 createMap() は上で定義されている
}
```

演習：指定した住所を中心とする地図を描くための HTML と JavaScript を実装し，動作を確認してください．

COLUMN　JavaScript の参考書

　JavaScript について本格的に学びたいときは，Crockford『JavaScript Good Parts』（オライリー・ジャパン, 2008）や Stefanov『JavaScript パターン』（オライリー・ジャパン, 2011）を読むといいでしょう．しかし，本文中でも述べたように，JavaScript はライブラリを介して利用するのが一般的です．そのようなライブラリの中では，本書で利用している jQuery が最も普及しているので，jQuery Community Experts『jQuery クックブック』（オライリー・ジャパン, 2010）のような書籍で，jQuery 自体について学ぶのもいいでしょう．

COLUMN　ウェブページのパフォーマンス

　ページの書き方やウェブサーバの設定の仕方によって，ウェブページの送信や描画にかかる時間は大きく変わります．現段階では気にする必要はありませんが，ウェブページを公開するときには，そのページが早く見られるように工夫する必要があります．そのような段階になったら，Souders『ハイパフォーマンス Web サイト』（オライリー・ジャパン, 2008）を読むことをおすすめします．この本には，ウェブページを高速にするために，実践しやすい14 のルールが紹介されています．そのルールを満たしているかどうかをチェックする YSlow（https://addons.mozilla.org/en-US/firefox/addon/5369/）は，Firebug と連携して使える便利なアドオンです．

CHAPTER 5 ウェブの通信方式

サーバとクライアントは HTTP とよばれる方式（プロトコル）で通信します．本章では，ウェブブラウザを HTTP クライアントとして，HTML 文書をブラウザで閲覧するという単純な例を使って HTTP について学んだ後で，各種 HTTP クライアントを作ります．最後に応用として，HTML 以外の形式（XML と JSON）の処理方法を，Twitter API を例に紹介します（図 5.1）．

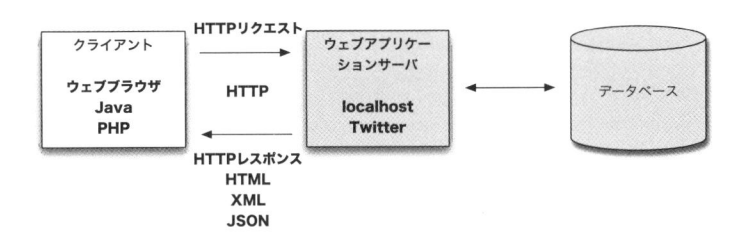

図 5.1 本章で学ぶこと：HTTP（ウェブの通信方式）

5.1 HTTP

第 3 章で作成した `hello.html` や検索サイト（Google）での検索を例に，サーバとクライアントが通信する方法（プロトコル）である HTTP（HyperText Transfer Protocol）について説明します[1]．

5.1.1 HTTP リクエスト

NetBeans（あるいは Eclipse）で実行した `hello.html` を閲覧している状態で，Firebug を起動し，接続の内容を表示させると HTTP 通信の内容が表示されます．ウェブブラウザのキャッシュを無視するために Shift キーを押しながらページをリロードすると図 5.2 のような結果になります．この内容に基づいて，HTTP について説明します．説明で使う `hello.html` は，単に開くだけではなく，実行しなければなりません．ウェブブラウザのアドレス欄が，「`file://...`」ではなく「`http://localhost...`」となっていることを確認してください（3.3 節を参照）．

---

1) HTTP は，RFC 2616 ハイパーテキスト転送プロトコル – HTTP/1.1（http://www.studyinghttp.net/rfc_ja/rfc2616）という文書で規定されています．HTTP はウェブの最も重要なプロトコルですが，ウェブを支える技術は HTTP だけだというわけではありません．会員登録などの際に，確認のためにメールを使うようなサービスがありますが，メールの送信に使われるプロトコルは HTTP ではなく，RFC 5321 Simple Mail Transfer Protocol（http://srgia.com/docs/rfc5321j.html）で規定される SMTP です．

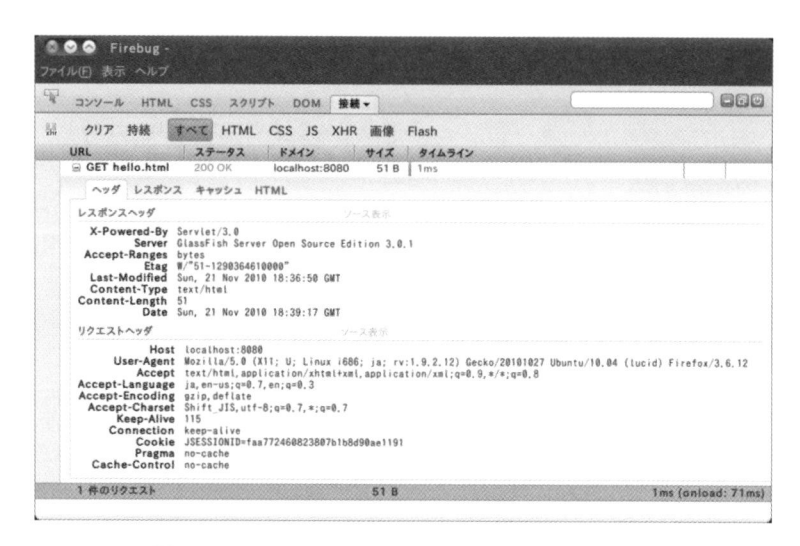

図 5.2　`hello.html` を閲覧したときの HTTP 通信の様子

▶ HTTP メソッド

　　最初に "GET" とあるのは HTTP メソッドです．よく使われる HTTP メソッドには，GET と POST，PUT，DELETE があり，これらによってデータの基本的な操作 "CRUD"（Create，Read，Update，Delete）を行えます．

Create　POST メソッドを使って，サーバに情報を送信する．送信された情報を元に，サーバはリソース（後述）を作成する．

Read　GET メソッドを使って，サーバにある特定の情報，リソースを取得する．

Update　PUT メソッドを使って，サーバに情報を送信する．送信された情報を元に，サーバはリソースを更新する．

Delete　DELETE メソッドを使って，サーバ上のリソースを削除する．

▶ リクエストヘッダ

　　リクエストヘッダには，サーバへの通信についての付加情報（メタ情報）が含まれています．主なものを表 5.1 に挙げてあるので，それを参照しながら図 5.2 のリクエストヘッ

表 5.1　主なリクエストヘッダと図 5.2 での解釈

Host	通信する相手のサーバとポート（`localhost` のポート 8080 と通信している）
User-Agent	サーバに伝えるクライアントの性質（クライアントは Ubuntu で動作する Firefox であることがサーバに伝わる）
Accept	クライアントが受け付けられる返信の形式（クライアントは HTML と XHTML，XML を受け付ける）
Accept-Language	クライアントが受け付けられる言語（クライアントは日本語とアメリカ英語，英語を受け付ける）
Accept-Encoding	クライアントが受け付けられる圧縮方式
Accept-Charset	クライアントが受け付けられる文字コード
Cookie	クッキー（6.4.3 項を参照）
If-Modified-Since	クライアントに保存してあるリソースの更新日時
If-None-Match	クライアントに保存してある ETag
Referer	送信元の URI（英語では「referrer」）

ダを読んでみてください．

NetBeans の Java Web プロジェクトで立ち上げたサーバのポート（後述）は 8080，Eclipse は 8084 になります．PHP プロジェクトの場合は 80 になります．80 は HTTP のデフォルトのポートなので，省略されるのが一般的です．

5.1.2　HTTP レスポンス

前項では，クライアントからサーバへの要求（リクエスト）の内容をみました．本項では，サーバからの回答（レスポンス）についてみていきましょう．レスポンスは，ステータスコードとレスポンスヘッダ，レスポンスボディ（本文）で構成されます．本文が何なのかは明らかなので，以下ではステータスコードとレスポンスヘッダについて説明します．

▶ **ステータスコード**

「200 OK」は，サーバがリクエストに正しく応えられたことを意味します．このような数字をステータスコードとよびます．よく使われるステータスコードを表 5.2 にまとめました．

表 5.2　主なステータスコード

200	OK．リクエストに成功した
201	Created．リソースの作成に成功した
301	Moved Permanently．リソースは恒久的に移動した
302	Found．クライアントは Location ヘッダが示す別の URI（後述）にリクエストを再送信する必要がある
303	See Other．結果は別の URI で取得できる
304	Not Modified．リソースは更新されていない
400	Bad Request．リクエストが不正である
401	Unauthorized．アクセス権がない
403	Forbidden．アクセスが禁止されている
404	Not Found．リソースが見つからない
500	Internal Server Error．サーバ内部でエラーが発生した
503	Service Unavailable．サービスは停止している

ブラウザで `hello.html` をリロードすると，ステータスコードは 304 になるはずです．これはウェブブラウザに残されている前回の結果（キャッシュ）から更新されていないことを表しています．

演習：`foo.html` のような存在しないページをリクエストした場合のステータスコードを調べてください．

▶ **レスポンスヘッダ**

サーバからの回答（レスポンス）の本文（レスポンスボディ）は HTML 文書ですが，これにも付加情報が付きます．レスポンスヘッダです．表 5.3 に掲げてある主なレスポンスヘッダを参考に，図 5.2 のレスポンスヘッダを読んでみてください．

演習：`hello.html` をリロードし，サーバがどのような判断でステータスコード 304 を返しているのか想像してください．

表 5.3 主なレスポンスヘッダ

Server	サーバのソフトウェア情報
Accept-Range	部分的 GET が可能かどうか．「byte」なら可能，「none」なら不可能
Etag	リソースの更新時に更新される文字列
Last-Modified	リソースの更新日時
Content-Type	ボディの形式
Content-Length	ボディのサイズ
Date	レスポンスの日時
Content-Encoding	ボディの圧縮方式
Location	移動先あるいは新たに作成したリソースの URI
Set-Cookie	クッキー（6.4.3 項を参照）

5.1.3 URI

ウェブサーバ上にあるページを，http://localhost:8080/javaweb/hello.html のような文字列で指定して GET メソッドを実行すれば，サーバからクライアントにデータが送られてきます．このときに利用する文字列を URL（Uniform Resource Locator）あるいは URI（Uniform Resource Indentifier）とよびます[2]．URI で特定できるものをリソースとよびます．

URI で指定できるのは，ウェブページだけではありません．Google で「test」を検索すると，ウェブブラウザのアドレス欄は次のようなものになります．

```
http://www.google.com/search?client=ubuntu&channel=fs&q=test&ie=utf-8&oe=utf-8
```

URL は次の五つの部分に分けられます．

プロトコル宣言　利用するプロトコルの宣言．この例では「http://」
ホスト　サーバのドメイン名あるいは IP アドレス．ここでは「www.google.com」
ポート番号　アドレスを補助する番号．HTTP の場合，デフォルトの「80」は省略できる
アプリケーション名　対象となるアプリケーション．ここでは「search」
パラメータリスト　リソースを指定するための補助的なデータ．「?」に続けて「名前=値」の形式で指定する．複数あるときは「&」で区切る．ここでは

「client=ubuntu&channel=fs&q=test&ie=utf-8&oe=utf-8」

パラメータリストは Firebug を使うと図 5.3 のように見やすくなります．

検索窓に何気なくキーワードを入力して行っている検索行為は，このように URL を書いて再現することができるのです．ただし，URI に利用できるのは ASCII のアルファベットと数字，記号「-.~:@!$&'()」だけなので，それ以外の文字を使いたい場合には注意が必要です．Google で「文字」を検索すると，Firefox のアドレス欄には「http://www.google.com/search?client=ubuntu&channel=fs&q=文字&ie=utf-8&oe=utf-8」

---

[2] 正確には，URL と URN（Uniform Resource Name）の総称が URI です．URN には書籍の ISBN なども含まれます（本書は「urn:isbn:978-4-62784-732-3」）．URI の仕様は，RFC 3986 Uniform Resource Identifier (URI): 一般的構文（http://www.studyinghttp.net/rfc_ja/rfc3986）で規定されています．

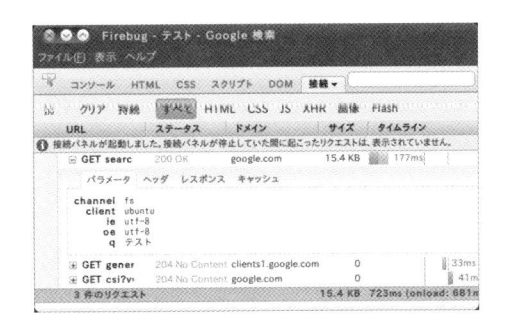

図 5.3　Google で「test」を検索したときの HTTP 通信の様子

という文字列が表示されますが，これは人間にとって読みやすいように Firefox が表示しているからであって，実際に使われている URL は「`http://www.google.com/search?client=ubuntu&channel=fs&q=%E6%96%87%E5%AD%97&ie=utf-8&oe=utf-8`」というものです．「文字」を「`%E6%96%87%E5%AD%97`」で表すこのような方式をパーセントエンコーディング（URL エンコーディング）とよびます．こういう変換を手で行うのは現実的ではないので，URL を手で組み立てるのには限界があります．しかし，たいていのプログラミング言語には，そのためのしくみが用意されているので，簡単にパーセントエンコーディングを実現できます[3]．

COLUMN　**RFC**

　　RFC (Request For Comments，求むコメント)は，インターネット上で利用されるさまざまな技術について定めた文書群です．本書で参照しているのは RFC 2616 ハイパーテキスト転送プロトコル – HTTP/1.1（`http://www.studyinghttp.net/rfc_ja/rfc2616`）と RFC 4395 Guidelines and Registration Procedures for New URI Schemes（`http://www.ietf.org/rfc/rfc4395.txt`），RFC 5321 Simple Mail Transfer Protocol（`http://srgia.com/docs/rfc5321j.html`），RFC 3986 Uniform Resource Identifier (URI): 一般的構文（`http://www.studyinghttp.net/rfc_ja/rfc3986`）だけですが，本書執筆時点（2011 年 2 月）で RFC 6153 までと，膨大な数の文書が発行されています（無効になったものもあります）．なかには毎年 4 月 1 日に発行されるジョーク RFC も含まれています．たとえば RFC 1149 鳥類キャリアによる IP データグラムの伝送規格（`http://www.imasy.or.jp/~yotti/rfc1149ej.txt`）は伝書鳩を使ってデータ伝送するためのプロトコルを定めています．RFC について詳しく知りたい場合は，塩田紳二『知りたい人のための RFC の歩き方』（エーアイ出版，1999）や Satoh Yoshiyuki「ジョーク RFC」（`http://www.imasy.or.jp/~yotti/rfc-joke.html`），城戸正博『ジョークなしでインターネット技術は語れない！』（ラトルズ，2002）を参照するとよいでしょう．文書の日本語訳は，RFC 日本語版リスト（`http://www5d.biglobe.ne.jp/~stssk/rfcjlist.html`）によくまとめられています．

---

[3]　Java には `URLEncoder.encode()`，PHP には `urlencode()` や `rawurlencode()`，JavaScript には `escape()` や `encodeURI()`，`encodeURIComponent()` があります．

5.2 HTTPクライアント

URLをアドレス欄に入力したり，検索を行う以外にも，ウェブブラウザ上でHTTPのGETを行う方法はたくさんあります．リンクのためのa要素をクリックしたときや，src属性値がURLであるimg要素やscript要素を含むウェブページを開いたときには，その対象がGETメソッドで取得されます．

本節では，ウェブブラウザ上でGETのためのユーザインターフェースを実現するフォームや，一般的なプログラムでGETを行うための方法，GETの結果をプログラムで処理する方法を説明します．

5.2.1 フォーム

body要素が次のようになっているウェブページgoogle.htmlを作ります．

```html
<body>
  <form action="http://www.google.com/search" method="get">
    <p>
      <input type="text" name="q" value="" />
      <input type="submit" value="search" />
    </p>
  </form>
</body>
```

このウェブページをブラウザで表示すると，図5.4のようなテキストボックスとボタンが表示されます．テキストボックスに文字列を入力し，ボタンを押すことで，実際にGoogleで検索することができます．

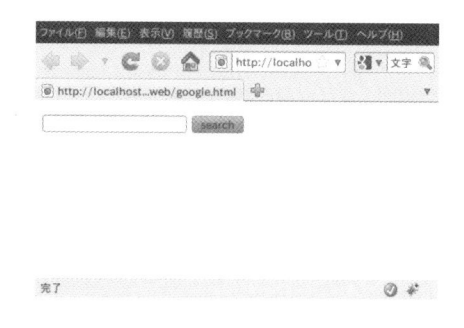

図5.4 テキストボックスと送信ボタンからなるフォーム

このように，form要素のaction属性でサーバを，method属性でHTTPメソッドを指定し，送信したいパラメータ（今の例では「q=キーワード」）のためのinput要素を使うことで，GETのためのURLを組み立ててHTTP通信を行うことができます．

フォームで利用できる形式をまとめると図5.5のようになります[4]．

---

[4] ファイルをアップロードするための形式もありますが，ここでは割愛しています．ちなみに，本書で採用しているサーブレット（Servlet 3.0）やPHPは，ファイルのアップロードに簡単に対応できるようになっています．

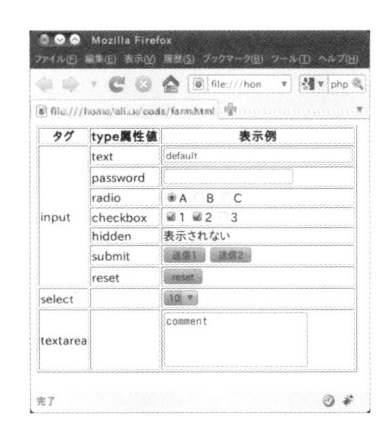

図 5.5　フォームで利用できる要素（一部）

▶ テキストボックス

input 要素の type 属性を "text" にするとテキストボックスになります．テキストボックスには，value 属性で指定した文字列が，最初から書き込まれています．ボックスの幅は size 属性で指定できます．

```
<input type="text" name="name" value="default" size="30" />
```

▶ パスワード

input 要素の type 属性を "password" にするとパスワード入力用のテキストボックスになります．このテキストボックスに入力される文字は，画面上では読めません（GETでは入力した値が URL に含まれるので，秘密の通信には使えません）．

```
<input type="password" name="password" />
```

▶ ラジオボタン

input 要素の type 属性を "radio" にするとラジオボタンになります．ラジオボタンは，複数の選択肢から一つだけ選ばせたいときに使います．checked 属性の値が "checked" である要素は，初めから選択された状態になります．ボタン以外の部分をクリックしても選択できるように，ボタンとラベルを label 要素で囲むといいでしょう．

```
<label><input type="radio" name="radio1" value="A" checked="checked" />A</label>
<label><input type="radio" name="radio1" value="B" />B</label>
<label><input type="radio" name="radio1" value="C" />C</label>
```

▶ チェックボックス

input 要素の type 属性を "checkbox" にするとチェックボックスになります．チェックボックスは，複数の選択肢から 0 個以上を選ばせたいときに使います．checked 属性や label 要素の役割は，ラジオボタンと同じです．name 属性値に [] を付けているのは，一つの name 属性に対して複数の value 属性が対応するような場合を，PHP で適切に処理できるようにするためです（サーブレットや JSP では不要です）．

```
<label><input type="checkbox" name="check1[]" value="1" checked="checked" />1</label>
<label><input type="checkbox" name="check1[]" value="2" checked="checked" />2</label>
<label><input type="checkbox" name="check1[]" value="3" />3</label>
```

▶ 非表示パラメータ

input 要素の type 属性を "hidden" にすると，ブラウザ上には表示されない要素になります．

```
<input type="hidden" name="hidden1" value="hidden value" />
```

▶ 送信ボタン

input 要素の type 属性を "submit" にすると送信ボタンになります．送信ボタンは複数作ることができます．実際に押されたボタンのデータだけが，サーバ側に送信されます．4.2.4 項ではクリックしたときの動作を JavaScript で記述していましたが，このボタンの動作はあらかじめ決められているため，プログラマが記述する必要はありません．

```
<input type="submit" name="submit1" value="送信 1" />
<input type="submit" name="submit2" value="送信 2" />
```

▶ リセットボタン

input 要素の type 属性を "reset" にするとリセットボタンになります．リセットボタンを押すと，フォームが初期化されます．

```
<input type="reset" name="reset1" value="reset" />
```

▶ ドロップダウンメニュー

ドロップダウンメニューが必要なときは，select 要素を使います．メニューの各選択肢は option 要素で作ります．select 要素の name 属性と，選択した option 要素の value 属性の組がサーバに送信されます．最初から特定の要素が選択された状態になっているようにするには，その要素の selected 属性の値を "selected" にしておきます．

```
<select name="select1">
  <option value="10">10</option>
  <option value="20">20</option>
  <option value="30">30</option>
  <option value="40">40</option>
  <option value="50">50</option>
</select>
```

▶ テキストエリア

大量のテキストを入力させたいときは，textarea 要素を使います．rows 属性で行数を，cols 属性で桁数を指定します．

```
<textarea name="textarea1" rows="3" cols="20">comment</textarea>
```

以上の要素をすべて取り入れたフォームを作り（サーバは用意していないので，action

属性には「test」などと書いてみましょう），「送信2」ボタンをクリックすると，Firebug では図 5.6 ように表示されます．test は存在しないのでステータスコードは 404（Not Found）になりますが，URL は正しく組み立てられていることがわかります．

図 5.6　フォームから GET メソッドを実行した際の Firebug の表示

演習：これまでに紹介したフォームの要素を組み合わせて，何らかのテーマに基づいたフォームを作り，URL を組み立ててみてください．

5.2.2　HTTP クライアントとなるプログラム

本項は初読時には飛ばしてもかまいません

これまでは，HTTP 通信のクライアント側の担い手はウェブブラウザだけでした．ブラウザは人間が操作するものなので，できることは限定されています．たとえば，ブラウザ上で決まった処理を繰り返し行うというのは，あまり好ましくはありません．そこで，人間ではなくプログラムを HTTP クライアントとし，プログラムで HTTP 通信をする方法を紹介します．

話を簡単にするために，筆者のホームページ（http://www.unfindable.net/index.html）の内容を GET メソッドで取得して表示するだけのプログラムを作りましょう．

これから示すコードを何も見ずに書けるようになる必要はありません．プログラムで GET ができること，Java（あるいは PHP）にはそのための道具がそろっていることだけ憶えておけば，必要になったとき参考書を開いたりインターネットで検索したりすることによって，必要なコードを探し出すことができます．

本項の例には，インターネットに接続するときにプロキシサーバが必要な環境のためのコードが，コメントの形で書いてあります．本書の他の場所では，このようなコードは省略しているので，プロキシサーバを使う人は，適宜そのためのコードを埋め込んでください．

▶ **Java の HTTP クライアント**

Java のプログラムで HTTP 通信を行う際には，クラス HttpURLConnection[5] や Apache HttpClient[6] がよく用いられます．本書では Java が標準でサポートしている HttpURLConnection を利用します．

---

5) http://java.sun.com/javase/ja/6/docs/ja/api/java/net/HttpURLConnection.html
6) http://hc.apache.org/httpcomponents-client-ga/

Java のコードを読むためには，最低限の Java の知識が必要です．それがない場合は，付録 A を読んでから先に進んでください．

次のようなコード（GetTest.java）で，http://www.unfindable.net/index.html の内容を表示できます．

```
import java.net.*;
import java.io.*;

public class GetTest {

  public static void main(String[] args) {
    try {
      // プロキシサーバの設定
      //System.setProperty("http.proxyHost", "proxy.example.net");
      //System.setProperty("http.proxyPort", "3128");
      //System.setProperty("https.proxyHost", "proxy.example.net");
      //System.setProperty("https.proxyPort", "3128");

      // HTTP リクエスト
      URL url = new URL("http://www.unfindable.net/index.html");
      HttpURLConnection connection = (HttpURLConnection) url.openConnection();

      // ステータスコード
      System.out.printf("%d %s\n", connection.getResponseCode(),
              connection.getResponseMessage());

      // レスポンスボディの表示
      BufferedReader br = new BufferedReader(
              new InputStreamReader(connection.getInputStream(), "UTF-8"));
      String line = null;
      while ((line = br.readLine()) != null) {
        System.out.println(line);
      }
    } catch (Exception e) {
      e.printStackTrace();
    }
  }
}
```

演習：このプログラムを改良して，成功なら内容を，失敗ならエラーメッセージを表示するようにしてください．成功かどうかの判断は，「connection.getResponseCode() == HttpURLConnection.HTTP_OK」でできます．エラーメッセージは「connection.getErrorStream()」で取得できます．存在しないページにアクセスして，動作を確認してください．

▶ **PHP の HTTP クライアント**

PHP には HTTP のためのライブラリが複数用意されています．標準の pecl_http と libcurl，拡張ライブラリ群である PEAR [7] の HTTP_Request，HTTP_Request2 です．これらをどう使い分けるかはあまり整理されていませんが，ここでは，どんな環境でも問題なく使えると思われる PEAR の HTTP_Request[8] を使う例を紹介します．

---

7) PEAR は PHP のための拡張ライブラリです．PHP の標準にはない機能が必要なときは，まず http://pear.php.net/に行って探してみるといいでしょう（玉石混淆です）．

8) http://pear.php.net/manual/ja/package.http.http-request.php

Ubuntu と Mac では，以下のようなコマンドで HTTP_Request をインストールします．

```
sudo pear install Http_Request
```

Windows では，以下のようなコマンドで HTTP_Request をインストールします．

```
C:
cd \xampp\php
pear install Http_Request
```

いずれの OS も，プロキシサーバが必要な環境では，「`sudo pear config-set http_proxy proxy.example.net:3128`」のようなコマンドが事前に必要です（Windows では `sudo` は不要）．

PHP で HTTP 通信をするためのコード（`gettext.php`）は以下のようになります．

```php
<?php
//UTF-8 のテキストとしてウェブブラウザで表示する
header('Content-Type: text/plain; charset=utf-8');

//HTTP リクエスト
require_once('HTTP/Request.php');
$http_request = new HTTP_Request();

// プロキシサーバの設定
//$http_request->setProxy('proxy.example.net', 3128);

// HTTP リクエスト
$http_request->setUrl('http://www.unfindable.net/index.html');
$http_request->sendRequest();

// ステータスコード
printf("%d %s\n", $http_request->getResponseCode(),
       $http_request->getResponseReason());

// レスポンスボディの表示
echo $http_request->getResponseBody();
```

演習：Java あるいは PHP で HTTP 通信を行う方法を試してください．

5.3 Twitter API

本項は初読時には飛ばしてもかまいません

HTTP 通信でサーバから返されるのは，HTML 文書に限りません．HTML 以外では，XML や JSON などがよく利用されます．本節では，Twitter のパブリックタイムラインを取得するためのしくみ（API）を利用して，XML や JSON 形式のデータの処理方法を紹介します[9]．Twitter API の仕様が変わる可能性があります．本節のコードがうまく動かないときは，サポートサイトを参照して下さい．

---

[9] Twitter の API の多くは OAuth という認証を必要とします．Twitter API を使いこなすためには，OAuth 認証を学ばなければならないのですが，今は HTTP の基本を学んでいるところなので，認証なしで利用できるパブリックタイムラインを題材にしています．

5.3.1　XMLの処理（Java）

Twitterに投稿された公開のつぶやきの一部を，`http://api.twitter.com/1/statuses/public_timeline.xml`というURLで取得できます[10]．サーバからのレスポンスはXML形式です．それがどのようなものなのかは，FirefoxでこのURLにアクセスしてみるとわかります（Firefoxには，XML文書を見やすく表示する機能が備わっています）．

実際にアクセスしてみると，次のように個々のつぶやきを表現するstatus要素が集まって全体（statuses要素）を構成していることがわかります．つぶやきの本文はtext要素です．

```
<statuses>
  <status>
    ...
    <text>プログラミングなう</text>
    ...
  </status>
  ...
</statuses>
```

このようなXML文書から，つぶやきの本文だけをJavaのプログラムで取り出してみましょう[11]．XMLデータの要素へのアクセスは，XPATHというXML文書中の特定の要素を指定する方法で行うのが簡単です．JavaにはXPATHを扱うためのライブラリが標準で用意されているので，それを利用します．XPATHで取り出す要素の集合は`NodeList`，個々の要素は`Node`オブジェクトとして扱います（これらのクラスの詳細は，API仕様を参照してください）．コード（`PublicTimeline.java`）は以下のようになります．

```java
import java.net.*;
import org.w3c.dom.*;
import org.xml.sax.*;
import javax.xml.xpath.*;

public class PublicTimeline {

  public static void main(String[] args) {
    try {
      // HTTP通信
      URL url = new URL("http://api.twitter.com/1/statuses/public_timeline.xml");
      HttpURLConnection connection = (HttpURLConnection) url.openConnection();

      // ステータスコード
      System.out.printf("%d %s\n", connection.getResponseCode(),
              connection.getResponseMessage());

      // レスポンスボディ
      InputSource inputSource = new InputSource(connection.getInputStream());

      // XPATHを使ってXMLを処理する
      XPath xpath = XPathFactory.newInstance().newXPath();
      String expression = "//text"; // すべてのtext要素

      // 複数のノードが返るときはNodeListを使う
```

---

[10] URL中の「1」はAPIのバージョンです．

[11] ここではJavaの例だけを紹介していますが，PHPでもSimpleXML（`http://www.php.net/manual/ja/book.simplexml.php`）を使うことで簡単にXML文書を処理できます．

```
            NodeList nodes = (NodeList) xpath.evaluate(expression, inputSource,
                XPathConstants.NODESET);

        for (int i = 0; i < nodes.getLength(); ++i) {
          Node textNode = nodes.item(i);
          System.out.println(textNode.getTextContent());
        }
      } catch (Exception e) {
        e.printStackTrace();
      }
    }
  }
```

XPATHの基本的な使い方は憶えておいた方がいいでしょう．すべてのtext要素を取り出すこの例では，「//text」というXPATHを使っています．XPATHの詳細は，API仕様[12]を参照してください．

XMLデータからstatus要素を取り出して一つずつ処理してみましょう．先のコードの一部を次のように書き換えれば，「名前：つぶやきの本文」のペアが表示されます（`PublicTimeline2.java`）．

```
XPath xpath = XPathFactory.newInstance().newXPath();
String expression = "/statuses/status"; // 「//status」でもよい
NodeList nodes = (NodeList) xpath.evaluate(expression, inputSource,
        XPathConstants.NODESET);

// status 要素の中の text 要素と（user 要素中の）name 要素を取り出す
for (int i = 0; i < nodes.getLength(); ++i) {
  Node status = nodes.item(i);
  // 返る要素が単数のときは NodeList ではなく Node
  Node text = (Node) xpath.evaluate("text", status, XPathConstants.NODE);
  Node name = (Node) xpath.evaluate("user/name", status, XPathConstants.NODE);
  System.out.println(name.getTextContent() + ": " + text.getTextContent());
}
```

演習： Javaを使って，Twitterのパブリックタイムラインから，適当な情報を抜き出して表示してください．

5.3.2　JSONの処理

HTMLとXMLのほかに，JSON（4.4節を参照）もHTTP通信でよく利用されるデータ形式です．JSONは本来JavaScriptのオブジェクトの表現形式なのですが，他の言語でも簡単に扱うことが出来ます[13]．ここではPHPとJavaScriptでJSON形式のデータを扱う方法を紹介します．

Twitterのパブリックタイムラインの一部は，`http://api.twitter.com/1/statuses/public_timeline.json`というURLで，JSON形式で取得できます．FirefoxでこのURLにアクセスして結果をファイルに保存し，どのようなデータが帰ってくるのかを確認してから先に進んでください．

▶ **JSONの処理（PHP）**

レスポンスボディを関数`json_decode()`で連想配列に変換し，その要素を一つずつ処理します（例

---

12) http://java.sun.com/javase/ja/6/docs/ja/api/javax/xml/xpath/package-summary.html
13) JavaにはJSONのための標準的なライブラリはありません．「JSONの紹介（http://www.json.org/json-ja.html）」でJavaのためのライブラリが紹介されているので，適当なものを選んで使うといいでしょう．

を単純にするために，以下に示すコード publictimeline.php では Content-Type を text/plain と
して，HTML 文書ではなく単なるテキストを生成しています）．

```
<?php
header('Content-Type: text/plain; charset=utf-8');

require_once('HTTP/Request.php');
$http_request = new HTTP_Request();
$http_request->setUrl('http://api.twitter.com/1/statuses/public_timeline.json');
$http_request->sendRequest();
printf("%d %s\n", $http_request->getResponseCode(),
       $http_request->getResponseReason());

// レスポンスボディを配列に変換
$json = json_decode($http_request->getResponseBody(), true);
//print_r($json); // 結果の確認（var_dump()を使ってもよい）

foreach ($json as $status) { // 配列$jsonの要素を一つずつ処理する
  printf("%s\n", $status['text']);
}
```

演習：PHP を使って，Twitter のパブリックタイムラインから，適当な情報を抜き出して表示してくださ
い[14]．

▶ JSON の処理（JavaScript）

JavaScript での HTTP 通信は，4.2 節で紹介した jQuery で行うのが簡単です．jQuery には HTTP
通信のためのさまざまな仕掛けが用意されていますが[15]，ここでは JSON 形式を扱いたいので，
「$.getJSON(URL, function(結果のためのパラメータ) { 処理 });」というコードを使います．
4.4 節では jQuery.parseJSON() で JSON をオブジェクトに変換していましたが，ここではその処
理は自動化されています．

Firebug で結果を確認しながらコードを書いていきます（4.4 節を参照）．「console.log(statuses[i]);」
の結果を Firebug 上で観察すると，text プロパティがつぶやきの本文であることがわかります．そ
こで，それを含むような p 要素を作って，body 要素に追加します．

```
$(document).ready(function() {
  $.getJSON('http://api.twitter.com/1/statuses/public_timeline.json?callback=?',
  function(statuses) {
    console.log(statuses); // 結果を表示してみると配列になっていることがわかる

    for (var i = 0; i < statuses.length; i++) {
      console.log(statuses[i]); // text 属性がつぶやきの本文であることがわかる

      var p=$('<p>' + statuses[i].text + '<\/p>'); // 要素を生成し，
      $('body').append(p); // body 要素内に追加する
    }
  });
});
```

---

14) 本書執筆時点では，関数 json_decode() は int の範囲を超えた整数を float に自動変換してしまうた
め，JSON 中の id を扱うことはできません．id の代わりに id_str を使ってください．

15) http://api.jquery.com/category/ajax/

演習：上記のコードを埋め込んだ HTML ファイル（`publictimeline.html`）を作って，動作を確認してください．Firebug がインストールされ，コンソールパネルが有効になっている必要があります（4.4 節を参照）．

> **COLUMN** 💡 JSONP
>
> 　JavaScript には Java や PHP にはない注意点があります．JavaScript で HTTP 通信をする際には，`XMLHttpRequest` というオブジェクトを使うのが一般的なのですが，このオブジェクトによる通信は，ページと同じドメインでしか行えません．ドメインをまたいでの通信（クロスドメイン通信）はできないのです（HTML5 で導入される XMLHttpRequest2 で改良される予定です）．5.3 節の例では，ウェブページは `localhost` にあるので，`XMLHttpRequest` は `localhost` としか通信できません．しかし，Twitter は `localhost` ではなく `api.twitter.com` にあります．つまり，JavaScript の標準的な HTTP 通信手段である `XMLHttpRequest` はここでは使えません．
>
> 　JavaScript でクロスドメイン通信を行うためには，JSONP（JSON with Padding）とよばれる方法を使います．いま，`foo()` という関数が定義されているとしましょう．サーバがある URL に対して「`foo(結果の JSON 文字列);`」のようなデータを返してくれるなら，「`<script type="text/javascript" src="対象URL"></script>`」というスクリプト要素を動的に生成すると，サーバからのレスポンスを関数 `foo()` で処理できるようになるのです．
>
> 　JSONP のためには，`script` 要素を動的に生成するといった，あまり通信しているようには見えないコードが必要なのですが，jQuery の「`$.getJSON()`」は，そのような処理を隠蔽してくれます．これを使って JSONP を行いたいときは，URL の末尾に「`callback=?`」という文字列を追記しておきます．
>
> 　JSONP による通信は，サーバ側がそれに対応していなければ基本的にはできません．JSONP に対応していないサーバと JSONP で通信したい場合には，Yahoo! Pipes（`http://pipes.yahoo.com/pipes/`）のようなサービスを間で活用することを検討するといいでしょう．

CHAPTER 6 ダイナミックなページ生成

本章では，プログラムで HTML 文書を生成する方法を学びます．まず，Java（サーブレットと JSP）と PHP の基本的な手法を学び，その応用として，リクエストに応じてページを生成する方法を学びます（図 6.1）．

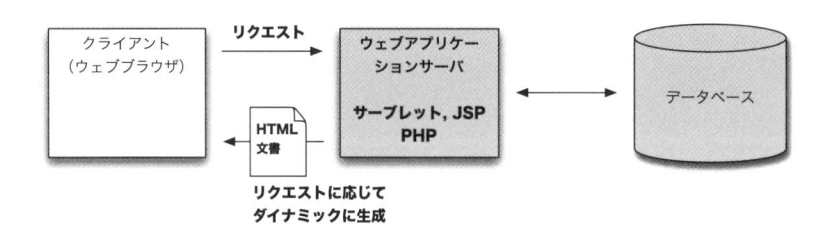

図 6.1 本章で学ぶこと：ダイナミックなページ生成方法

ダイナミックなページ生成とは，具体的にはどういうことを意味するのでしょうか．ダイナミックなページ生成の反対がスタティックなページ生成です．これは，第 3 章でみたように，あらかじめ作成しておいたページを提示することをいいます．それに対して，要求があったその時にページを生成するのがダイナミックなページ生成です．

もう少し詳しく説明しましょう．3.2 節で書いた hello.html は次のようなものでした（これは妥当な HTML 文書ではありませんが，ここでは気にしません）．

```
<html>
<body>
Hello World!
</body>
</html>
```

ダイナミックにこのページを生成するというのは，次のようなプログラムを実行するということです．

```
printf("<html>\n");
printf("<body>\n");
printf("Hello World!\n");
printf("</body>\n");
printf("</html>\n");
```

しかし，これでは手間が増えただけのようにみえます．もう少し利用価値のわかる例を考えましょう．たとえば，「1 から 100 までの整数を箇条書きにする」という場合はどう

でしょうか．次のようなコードで実現できますが，li 要素を 100 個書くのに比べればはるかに簡単です．

```
printf("<ul>\n");
for (int i = 1; i <= 100; i++) {
  printf("<li>%d</li>\n", i);
}
printf("</ul>\n");
```

本章ではまず，このようにプログラムで HTML 文書を生成する方法を，Java の場合と PHP の場合に分けて説明します．

6.1 Java によるページ生成

Java でウェブページを生成する方法には，サーブレットを使う方法と JSP を使う方法があります．

6.1.1 サーブレット

Java でウェブページを生成する際には，サーブレットという技術を使うのが基本です．まずは，サーブレットで `hello.html` と同等なページを作成します．NetBeans での手順を紹介しますが，Eclipse でも同様です．

2.5 節で作成した Java Web プロジェクト javaweb を使います．プロジェクトを右クリック→新規→「サーブレット」をクリックすると，新規サーブレット生成ウィザードが現れるので，名前を「HelloServlet」として「完了」ボタンをクリックします（図 6.2）．これによって `HelloServlet.java` というファイルができます．これは比較的大きなファイルなのですが，いま必要なのは，GET に対応するメソッド `doGet()` だけなので，それだけを残すと，次のようになります（最初からウィザードを使わずに，このクラスを作ってもよかったのです）．

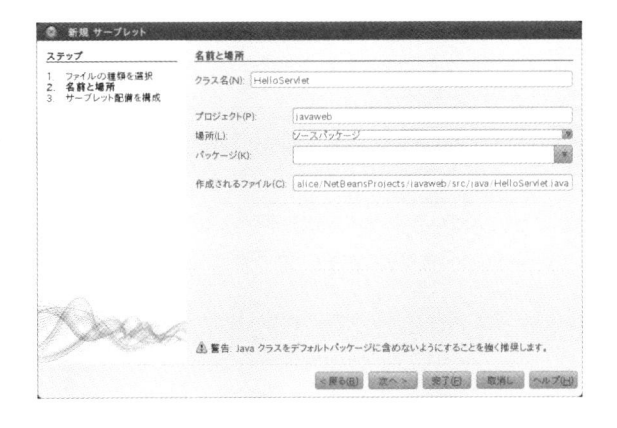

図 6.2 新規サーブレット生成ウィザード

```
import java.io.*;
import javax.servlet.*;
import javax.servlet.http.*;
import javax.servlet.annotation.*;

@WebServlet(name = "HelloServlet", urlPatterns = {"/HelloServlet"})
public class HelloServlet extends HttpServlet {

  @Override
  protected void doGet(HttpServletRequest request, HttpServletResponse response)
          throws ServletException, IOException {
    PrintWriter out = response.getWriter();

    out.println("<html>");
    out.println("<body>");
    out.println("Hello World!");
    out.println("</body>");
    out.println("</html>");
  }
}
```

コードを右クリック→「ファイルを実行」をクリックすると，ウェブブラウザが起動し，「Hello World!」と表示されます．このとき，ブラウザのアドレス欄は http://localhost:8080/javaweb/HelloServlet のようになっています（Eclipse では 8080 ではなく 8084）．javaweb の「/HelloServlet」に GET でのリクエストがあると，いま作ったサーブレットが反応するのです．このことが，「@WebServlet...」で指示されています[1]．

メソッド main() はどこにあるのかと思うかもしれませんが，サーブレットに main() はありません．あらかじめサーブレットを管理するプログラムであるサーブレットコンテナ（本書では GlassFish）が起動していて，それがサーブレットを呼び出すだけだからです．

サーブレットを使えば，どんな HTML 文書でも生成できることは明らかです．HTML 文書は単なる文字列であり，サーブレットは任意の文字列を出力できるからです．しかし，`<html>`や`<body>`などのように，動的に生成する必要がないと思われるものも，メソッド println() などで生成するのは無駄な気がします．

6.1.2 JavaServer Pages

実行前から決まっている部分はそのまま書いて，ダイナミックに生成したいところだけ，プログラムで生成するようにしたいものです．それを可能にするのが，JSP (JavaServer Pages) です．JSP のファイルは，一見ふつうのウェブページですが，ところどころ Java のコードや特殊なタグが埋め込まれます．このように，ウェブページの生成には，サーブレットよりも JSP のほうが向いています[2]．サーブレットが有用なのは，ウェブページ生

---

[1] 本書で利用している Servlet 3.0 よりも古い規格では，このような指示は web.xml という別ファイルで行う必要がありました．

[2] JSP は内部でサーブレットに変換されるので，本質的にはサーブレットと同じものです．

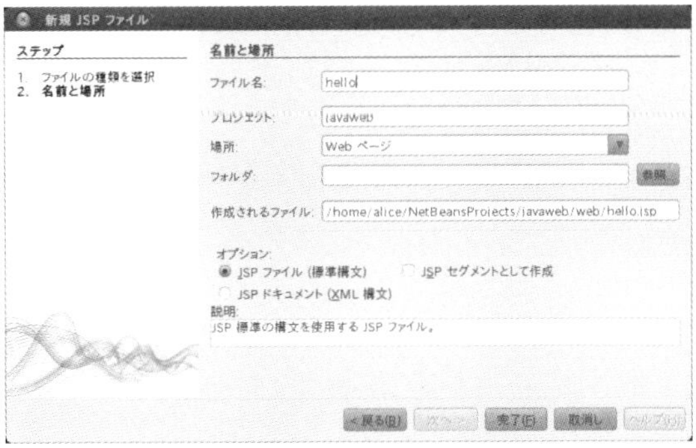

図 6.3 新規 JSP 生成ウィザード

成以外においてです（9.6 節で具体例を紹介しています）．

プロジェクト名を右クリック→新規→「JSP」をクリックすると，新規サーブレット生成ウィザードが現れるので，名前を「`hello`」として「完了」ボタンをクリックします（図6.3）．

生成される JSP は次のようなものです（`<%--`から`--%>`はコメントなので省略しました）．コードを右クリック→「ファイルを実行」をクリックすると，ウェブブラウザが起動し，「Hello World!」と表示されます．

```
<%@page contentType="text/html" pageEncoding="UTF-8"%>
<!DOCTYPE HTML PUBLIC "-//W3C//DTD HTML 4.01 Transitional//EN"
  "http://www.w3.org/TR/html4/loose.dtd">

<html>
  <head>
    <meta http-equiv="Content-Type" content="text/html; charset=UTF-8">
    <title>JSP Page</title>
  </head>
  <body>
    <h1>Hello World!</h1>
  </body>
</html>
```

「`<%@ page`」から「`%>`」までは，page ディレクティブとよばれる要素で，JSP に関する設定を記述します．この要素には次のような属性があります．

contentType 属性　HTTP レスポンスの MIME タイプ（UTF-8 で書かれたテキストだということ）

pageEncoding 属性　そのファイルの文字コード (UTF-8)．デフォルト値は contentType属性で指定した文字コード

import 属性　パッケージを読み込むときに使う．パッケージが複数の時はカンマで区切って記述するか，page ディレクティブを複数個書く

body 要素を次のように変えてみてください．プログラムを使って HTML 文書を生成することの意味が少しわかると思います．

```
<body>
  <%
    for (int i = 1; i <= 100; ++i) {
      out.print(i + ", ");
    }
  %>
</body>
```

このように，「<%」と「%>」の間に Java のコードを書いたものをスクリプトレットとよびます．スクリプトレットを使うことで，Java で HTML を生成できるようになるわけです．

付録 A では，文字を出力するのに「System.out.print」等を使っています[3]．ためしにこの JSP の「out」を「System.out」に置き換えて hello.jsp をブラウザ上でリロードしてみましょう（図 6.4）．ブラウザ上には何も表示されなくなり，その代わりに IDE 上に結果が出力されます．C 言語等では関数 printf() を使ってプログラムの動作を調べることができますが，JSP の場合もこの方法は有効です．

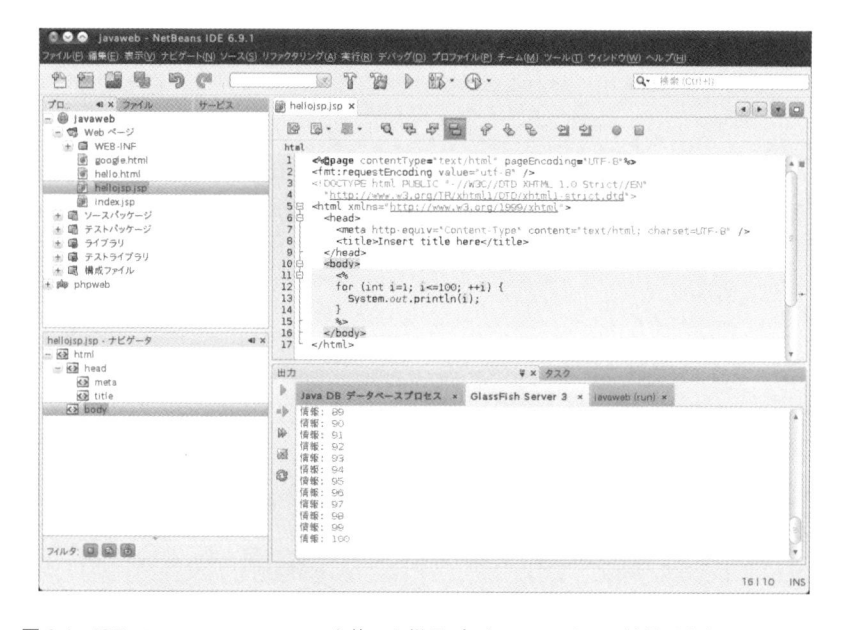

図 6.4　JSP で System.out.print を使った様子（1 から 100 までの整数が出力されている）

コードを次のように修正して，箇条書きにしてみましょう．

```
<body>
  <ul>
    <%
```

---

[3] 「System.out.print」はオブジェクト System.out のメソッド print() です．JSP の「out.print」は，JSP の実行時に自動的に生成されるオブジェクト（暗黙オブジェクト）out のメソッド print() です．

```
        for (int i = 1; i <= 100; ++i) {
          out.print("<li>" + i + "</li>");
        }
    %>
  </ul>
</body>
```

演習：上述の JSP を実行して動作を確認してください．

　コードが見にくくなるので，多用するべきではありませんが，スクリプトレットを中断して，HTML を書くことができます．次の例では，for 文を%>で中断して，箇条書きの要素を挿入しています．この例に現れる<%= Java の文字列 %>は「式タグ」といい，これを用いることで Java の文字列を HTML 文書に埋め込むことができます[4]．

```
<body>
  <ul><%
    for (int i = 1; i <= 100; ++i) {%>
      <li><%= i %></li><%
    }%>
  </ul>
</body>
```

　スクリプトレットと式タグのほかに宣言タグ (<%! 宣言 %>) がありますが，本書では使いません．

演習：for 文を使って九九の表を生成する JSP，9x9.jsp を作ってください．作るのは表なので，table 要素を使います．

演習：数値実体参照（p. 41）を利用して，図 6.5 のような ASCII コード表を出力する ascii.jsp を作ってください（ヒント：ループのカウンタ i は 0x20 から 0x7f まで回します．「"&#" + i + ";"」の結果がどうなるかを考えてください）．

図 6.5　ASCII コード表．0x20 はスペース，0x7F は特殊文字 (DEL)

---

[4] 文字列以外のオブジェクトを書くと，文字列に自動変換した結果が挿入されます．

6.2 PHPによるページ生成

　PHPのプログラムでウェブページを生成する方法を紹介します．NetBeansでの手順を紹介しますが，Eclipseでも同様です．

　2.5節で作成したPHPプロジェクト（`phpweb`）を使います．プロジェクト名を右クリック→新規→「PHPファイル」をクリックすると，新規PHPファイルの生成ウィザードが現れます．ファイル名を「`hello`」として「完了」ボタンをクリックすると，`hello.php`が作成されます．

　HTML文書の中の動的に生成したい部分に，PHPのコードを埋め込みます．埋め込むコードは「`<?php コード ?>`」という形式になります[5]．

　次のようなPHPファイルで，1から100までの数を箇条書きで表示できます．

```
<!DOCTYPE html PUBLIC "-//W3C//DTD XHTML 1.0 Strict//EN"
  "http://www.w3.org/TR/xhtml1/DTD/xhtml1-strict.dtd">
<html xmlns="http://www.w3.org/1999/xhtml">
  <head>
    <meta http-equiv="Content-Type" content="text/html; charset=UTF-8" />
    <title>タイトル</title>
  </head>
  <body>
    <ul>
      <?php
      for ($i = 1; $i <= 100; $i++) {
        echo "<li>$i</li>";
      }
      ?>
    </ul>
  </body>
</html>
```

　変数の先頭には「`$`」が付くことと，2重引用符で囲まれた中の変数表記の部分が値で置き換えられることに注意してください．C言語の記法を知っていれば，それ以外は問題ないでしょう（PHPでは，1重引用符と2重引用符では，振る舞いが異なります．1重引用符で囲まれた中の変数表記は値に置き換えられません）．この例では問題ありませんが，アルファベットなどの変数名に使える文字が前後にあるときには，「`${i}`」のように記述しなければなりません．この部分は，文字列を連結する演算子「`.`」を使って，「`echo "<li>" . $i . "</li>";`」と書くこともできます（`$i`は文字列に変換されてから連結されます）．

演習：p.81の九九の表を作る演習をPHPで実現してください．

演習：p.81のASCIIコード表を作る演習をPHPで実現してください．

---

[5] ただし，ファイルが「`?>`」で終わるときは，「`?>`」は省略できます．

COLUMN 📖 **PHP についての参考資料**

　PHP について何か調べたいときには，まずウェブ上のマニュアル（http://php.net/manual/ja/）にあたってみるといいでしょう．このマニュアルは，ブックマークに登録するなどして，常に参照できるようにしておくと便利です．

　入門的な教科書としては Sklar『初めての PHP5』（オライリー・ジャパン, 増補改訂版, 2012）が，標準的な教科書としては Lerdorf ほか『プログラミング PHP』（オライリー・ジャパン, 第 2 版, 2007）があります．PHP についてひととおり学んだ後でなら，小川雄大ほか『パーフェクト PHP』（技術評論社, 2010）がよい参考書になるでしょう．

COLUMN 📖 **サーブレット／JSP，PHP と JavaScript の違い**

　6.1 節や 6.2 節で生成した箇条書きは，次のような JavaScript のコードを含んだ HTML 文書（jscounter.html）でも生成できます（4.2 節で紹介した jQuery が必要です）．

```
$(document).ready(function() {
  var ul = $("<ul><\/ul>");
  $("body").append(ul);
  for (var i = 1; i <= 100; ++i) {
    var li = $("<li>" + i + "<\/li>");
    ul.append(li);
  }
});
```

　結果は同じでも，JSP や PHP の場合と JavaScript の場合では，まったく違うことが起こっています．

　JSP や PHP の場合には，最終的に目にする HTML 文書は，サーバ側で生成されます．つまり，`for` 文はサーバで実行されます．それに対して JavaScript の場合には，最終的に目にする HTML 文書は，クライアント側で生成されます．つまり，`for` 文はブラウザ内で実行されるのです．

　ある処理を，サーバ側で行うかクライアント側で行うかを決めるのは難しい問題です．従来はほとんどの処理はサーバ側で行うしかありませんでしたが，jQuery のような JavaScript のためのライブラリが整備されたことによって，クライアント側で行えることが増えつつあります．

6.3　リクエスト内容の取得

　クライアント（ブラウザ）から送信されたデータを取り出す方法を紹介します（図 6.6）．送信データを取り出すのはウェブアプリの基本的なタスクの一つです．GET メソッドでのリクエストに対応するためには，何をリクエストされたのかがわからなければなりませんが，そのためには，クライアントから送信されたデータを読み取らなければならないのです．

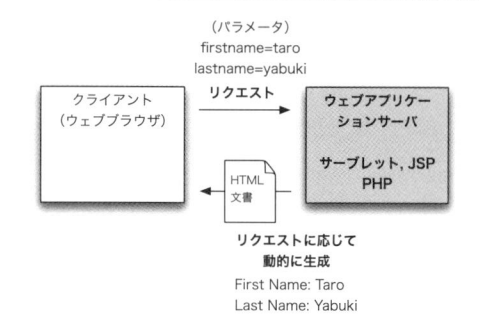

図 6.6　クライアントから送信されたパラメータをサーバで取り出す

6.3.1　Java によるリクエスト内容の取得

次のようなコードで，サーブレットと JSP でリクエスト内容を取得できます[6]．

```
request.setCharacterEncoding("UTF-8");
String str = request.getParameter(パラメータ名);
```

1 行目で送信パラメータの文字コードを設定しています．ここでは UTF-8 としているので，このサーブレットにフォームからアクセスする場合には，フォームを含む HTML 文書は UTF-8 で書かれていなければなりません[7]．

具体的に，`firstname`, `lastname` という二つのパラメータの値を取得するコードは次のようになります．

```
request.setCharacterEncoding("UTF-8");
String firstName = request.getParameter("firstname");
String lastName = request.getParameter("lastname");
```

結果を出力してみましょう（このコードにはセキュリティ上の問題がありますが，初読時はこのままでかまいません）．

```
PrintWriter out = response.getWriter();
out.println("<html><body><dl>");
out.println("<dt>First Name</dt>");
out.println("<dd>" + firstName + "</dd>");
out.println("<dt>Last Name<dt>");
out.println("<dd>" + lastName + "</dd>");
out.println("</dl></body></html>");
```

パラメータが無い場合には，メソッド `getParameter()` の戻り値は `null` になるため，

---

[6]　文字に変換できなかったものは 0xFFFD になるので，「0 <= str.indexOf(0xFFFD)」のような条件をチェックすれば，送信データに不正なものが含まれているかどうかがわかります．ただし，本書ではこの検査は省略します．

[7]　サーブレットコンテナとして，本書で利用している GlassFish ではなく Tomcat を利用する場合は，GET のパラメータの文字コードの指定にメソッド `setCharacterEncoding()` は使えません．B.3.2 項を参照してください．

実用的な処理をするためには，「firstname != null」のような条件をチェックする if 文が必要になるでしょう．

演習： 新たにサーブレット Parameters を作り，上のコードを試してください（http://localhost:8080/javaweb/Paramaters?firstname=Taro&lastname=Yabuki などの URL で確認します．この URL の意味がわからない場合は，5.1.3 項を読んでからここに戻ってきてください）．

演習： 上のコードでは，パラメータに「<」や「>」が含まれていたときに，それらがそのまま出力されてしまうという問題があります．このサーブレットにアクセスするフォームを作り，「<script type="text/javascript">alert("XSS!")</script>」という文字列を送信してこのことを試してください．

▶ **数値の扱い**

数値を送信しようとする場合でも，送信されるデータは文字列です．そのため，送信されたデータを数値として扱いたい場合には，次の例のように文字列を数値に変換しなければなりません．

```
int num = Integer.parseInt(request.getParameter("num"));
out.println("<p>num * 10 = " + (num * 10) + "</p>");
```

クラス Integer は，基本型（Java のオブジェクトではない）である int の数値をオブジェクトとして使うためのクラスです．ここで利用した parseInt() のように，オブジェクトを作らなくても利用できる static メソッドが用意されています．詳しくは API 仕様を参照してください．

▶ **チェックボックスへの対応**

チェックボックスのように，一つのパラメータ名で複数の値が送られてくる場合に対応するコードは次のようになります（このコードにはセキュリティ上の問題がありますが，初読時はこのままでかまいません）．

```
String[] values = request.getParameterValues("check");
out.print("<p>" + java.util.Arrays.toString(values) + "</p>");
```

演習： 上のコードを実装し，パラメータ部が「check=A&check=B」であるような URL で動作を確認してください．

▶ **サニタイジング**

先の演習で確認したように，「<」や「>」をそのまま出力すると，ウェブブラウザ上で JavaScript のプログラムを動かすことができます．これはスクリプト挿入攻撃とよばれる攻撃に対する脆弱性になります（8.4.1 項を参照）．この問題を解決するために，HTML 文書に直接書くべきではない文字を，書いても問題ない形式に書き換えます．具体的には，「<」を「<」に，「>」を「>」に，「&」を「&」に，「'」を「'」に，「"」

を「"」書き換えます．このような処理をサニタイジング（sanitizing）とよびます．

このような書き換えを自分で実装するのは面倒ですし，漏れがあってはいけないので，Apache Commons Lang[8]とよばれるライブラリを使います．以下の手順で導入します（JAR ファイルはいつもこの方法で IDE に登録してください）．

1. Apache Commons Lang のウェブサイトからバイナリをダウンロードし，圧縮ファイルから `commons-lang-バージョン番号.jar` を取り出す（Ubuntu の場合は「`sudo apt-get install libcommons-lang-java`」を実行すれば，`/usr/share/java` にファイルができる）．
2. NetBeans の場合：プロジェクトのプロパティ→ライブラリ→ JAR/フォルダを追加で，`commons-lang-バージョン番号.jar` を追加する（図 6.7）．

    Eclipse の場合：`commons-lang-バージョン番号.jar` をプロジェクトの `WebContent/WEB-INF/lib` にドラッグ＆ドロップし，プロジェクトのプロパティ→「Java のビルド・パス」→「ライブラリ」→「JAR の追加」でファイルを選択する．

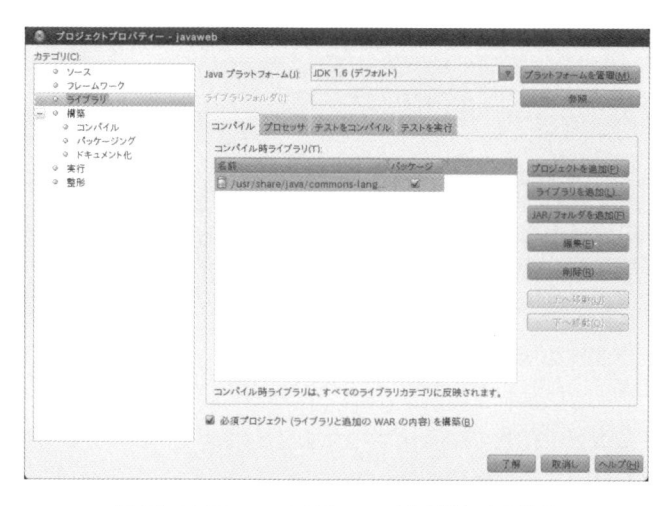

図 6.7　NetBeans で JAR ファイルを追加する様子

サーブレットで利用する場合には，次のような import 文を書いておきます．

```
import org.apache.commons.lang.*;
```

JSP で利用する場合には，次のようなページディレクティブを書いておきます．

```
<%@page import="org.apache.commons.lang.*"%>
```

文字列を出力する部分を，次のように書き換えます．

---

8) http://commons.apache.org/lang/

```
out.println("<dt>First Name<dt>");
out.println("<dd>" + StringEscapeUtils.escapeXml(firstName) + "</dd>");
out.println("<dt>Last Name<dt>");
out.println("<dd>" + StringEscapeUtils.escapeXml(firstName) + "</dd>");
```

　文字列を出力するときには，必ずこのメソッドを通すようにします．文字の書き換えが必要なのは HTML の中だけなので，この例のように，書き換えは最後の出力時に行います．

演習：特殊文字が実際にサニタイズされることを確認してください（ブラウザで開いて，ソースを表示します）．

演習：チェックボックスを扱った先述のコードを，サニタイズするように修正してください．

演習：p. 69 の演習で作成したフォームからの送信パラメータをすべてを表示するような JSP を作ってください．表示する際には，データに何らかの加工を加えましょう（文字列を反転させるとか，数値を 10 倍するとか）．日本語も正しく扱えることを確認してください．

演習：任意の送信パラメータに対応する JSP を作ってください．

6.3.2　PHP によるリクエスト内容の取得

　PHP では，GET メソッドのパラメータは連想配列 $_GET に格納されており，次のようにパラメータ名を指定して取り出すことができます[9]．

```
mb_internal_encoding('UTF-8');
変数 = $_GET[パラメータ名]
```

　1 行目で文字コードを設定しています．ここでは UTF-8 としているので，このプログラムにフォームからアクセスする場合には，フォームを含む HTML 文書は UTF-8 で書かれていなければなりません．

　図 6.6（p. 84）のようなリクエストパラメータを PHP で取得するコードは次のようになります．

```
$firstName = '';
$lastName = '';
if (isset($_GET['firstname'])) $firstName = $_GET['firstname'];
if (isset($_GET['lastname'])) $lastName = $_GET['lastname'];
```

　このコードでは，isset() を使って，パラメータが存在するかどうかをまず調べ，存在する場合には，その値を変数に代入しています（パラメータが無い場合には，クライアント側にエラーメッセージを返した方がいい場合もあるでしょう）．

---

[9]　「!mb_check_encoding(変数)」という条件をチェックすれば，送信データに文字以外の不正なものが含まれているかどうかがわかります．ただし，本書ではこの検査は省略します．

取得した値を表示するコードは次のようになります（このコードにはセキュリティ上の問題がありますが，初読時はこのままでかまいません）．

```
echo "<dl>";
echo "<dt>First Name</dt>";
echo "<dd>$firstName</dd>";
echo "<dt>Last Name</dt>";
echo "<dd>$lastName</dd>";
echo "</dl>";
```

演習：新たに PHP ファイル parameters.php を作り，上のコードを試してください（http://localhost/phpweb/paramaters.php?firstname=Taro&lastname=Yabuki などの URL で確認します．この URL の意味がわからない場合は，5.1.3 項を読んでからここに戻ってきてください）．

チェックボックスのように，一つのパラメータ名で複数の値が送られてくる場合に対応するコードは次のようになります（配列であることを is_array() で確認してから，2 番目の引数で与えた配列の要素間に 1 番目の引数を挟んで文字列にするための関数 implode() を利用しています．このコードにはセキュリティ上の問題がありますが，初読時はこのままでかまいません）．

```
if (isset($_GET['check']) && is_array($_GET['check'])) {
  $str = implode(',', $_GET['check']);
  echo "<p>$str</p>";
}
```

演習：上のコードを実装し，パラメータ部が「check[]=A&check[]=B」であるような URL で動作を確認してください．

これまでに紹介したパラメータの値の表示方法には問題があります．「<」や「>」，「&」，「'」，「"」などは HTML 文書にそのまま書いてはいけないのです（理由は p. 85 の「サニタイジング」を参照）．PHP には，これらの文字をサニタイズするための関数 htmlspecialchars() が用意されています．それを使って先のコードを書き直すと，次のようになります．

```
echo "<dt>First Name</dt>";
echo "<dd>" . htmlspecialchars($firstName, ENT_QUOTES, 'UTF-8') . "</dd>";
echo "<dt>Last Name</dt>";
echo "<dd>" . htmlspecialchars($lastName, ENT_QUOTES, 'UTF-8') . "</dd>";
```

このように，内容に確信がもてない文字列は，出力時にサニタイズすることを忘れないようにしてください．htmlspecialchars() は長くて入力が面倒だと思うかもしれませんが，html まで入力して Ctrl+スペースキーを押せば，IDE が後を補完してくれます．

6.4 セッション

　　HTTPはステートレス，つまり状態をもちません．そのため，同一クライアントから連続して複数回のアクセスがあったとしても，ウェブサーバはそれを別々のクライアントによるものとみなします．アクセスごとにクライアントを識別しなければならないとすると，ウェブサーバの処理は複雑になり，必要とする計算資源も膨大なものになるでしょう．HTTPがステートレスであるために，ウェブサーバは単純で，高い性能を保てるのです．

　　しかし，ステートレスにしか利用できないとすると，ウェブアプリで複雑なことをするのは難しくなるでしょう．同一クライアントからの複数回のアクセスは，同一クライアントのものとして，別のクライアントからのアクセスとは分けて処理したいということはよくあります．そのような場合に用いるのがセッションです．

　　セッションはクライアントごとに用意されるマップあるいは連想配列，つまりキーと値のセットを格納するデータ構造です[10]．サーブレットやJSP，PHPには，セッションを利用するための仕組みがあらかじめ用意されているので，簡単に使うことができます．セッションを利用しようとすると，図6.8のように，クライアントごとにセッションオブジェクトが用意されます．ここにデータを格納することで，クライアントに個別に対応することが可能になるのです．

　　ウェブブラウザが終了するとセッションも終了します[11]．

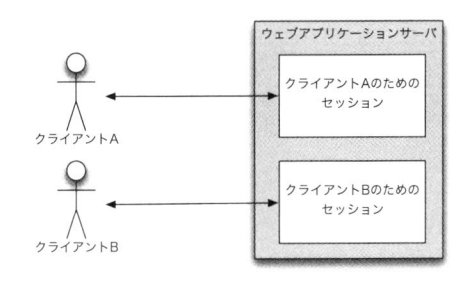

図6.8　セッションの概念図

6.4.1　Javaのセッション

　　サーブレットとJSPでセッションを利用する方法を紹介します．

▶ **サーブレットのセッション**

　　サーブレットのセッションは`HttpSession`オブジェクトです．次のようにして生成（取得）します．

---

10)　A.4.6項で紹介するJavaの`HashMap`と似た同じ動作をします．
11)　セッションを永続化することもできますが，その詳細は本書では割愛します．

```
HttpSession session = request.getSession();
```

セッションには，文字列をキーにして任意のオブジェクトを格納できます．

```
session.setAttribute(キー, オブジェクト);
```

キーを指定してセッションからオブジェクトを取り出すときには，`Object`型として取り出されるので，適当な型にキャストする必要があります．

```
型名 変数 = (型名)session.getAttribute(キー);
```

サーブレット SessionTest を新たに作成，メソッド doGet() を以下のように実装し，クライアントごとにアクセス回数を数えさせます．

```java
@Override
protected void doGet(HttpServletRequest request, HttpServletResponse response)
        throws ServletException, IOException {
    response.setContentType("text/plain; charset=UTF-8");

    HttpSession session = request.getSession(); //セッションオブジェクトの生成
    String key = "アクセス回数";
    Integer t = (Integer) session.getAttribute(key); //データの取得
    if (t == null) t = 1; //初めてのアクセス
    else t++; //アクセス回数を更新
    session.setAttribute(key, t); //セッションに保管
    response.getWriter().println(t + "回目のアクセス");
}
```

この例では，アクセス回数をセッションに記録しています．セッションに格納したいのは整数ですが，セッションに格納できるのは`int`型のような組み込み型の値ではなくオブジェクトなので，この例では`Integer`オブジェクトが格納されます．そのため，セッションから取り出すときに`Integer`型にキャスト（型変換）しているのです．`Integer`オブジェクトと`int`型の整数の変換はコンパイラが自動的に行います．

演習：SessionTest を実装し，動作を確認してください．

▶ **JSP のセッション**

JSP では，セッションオブジェクトは暗黙的に作られます（つまり「request.getSession()」は不要です）．サーブレットの場合と同様に，クライアントごとのアクセス回数を数える JSP は次のようになります．

```jsp
<%@page contentType="text/html" pageEncoding="UTF-8"%>
<%
    String key = "アクセス回数";
    Integer t = (Integer) session.getAttribute(key); //データの取得
    if (t == null) t = 1; //初めてのアクセス
```

```
        else t++;  //アクセス回数を更新
        session.setAttribute(key, t);  //セッションに保管
%>
<html>
  <head>
    <meta http-equiv="Content-Type" content="text/html; charset=UTF-8">
    <title>セッション</title>
  </head>
  <body>
    <p><%= t%>回目のアクセス</p>
  </body>
</html>
```

6.4.2 PHPのセッション

PHPのセッションは，$_SESSIONという連想配列です．セッションを利用する際には，まず関数session_start()を実行します．セッションを利用してクライアントごとのアクセス回数を数える例を以下に示します．

```
<?php
session_start();  //セッション開始

$key = 'アクセス回数';
$t = 1;
if (isset($_SESSION[$key])) {  //すでに記録がある
  $t = $_SESSION[$key] + 1;  //アクセス回数を更新
}
$_SESSION[$key] = $t;  //セッションに保管
echo "${t}回目のアクセス";
?>
```

6.4.3 クッキー

セッションが機能するためには，アプリケーションサーバがクライアントを識別できなければなりません．クライアントの識別は，クッキーとよばれるデータによって実現されます．クッキーは名前と値のペアの集合です．セッションを利用しているサイトAにアクセスすると，「Set-Cookie: JSESSIONID=a6d6b2c1858dffe118ac045f64b2; Path=/javaweb」のようなレスポンスヘッダによって，ウェブブラウザにクッキーが渡されます（Firebugで確認できます）．ウェブブラウザは，このウェブサイトにアクセスするときは常に，このデータを「Cookie: JSESSIONID=a6d6b2c1858dffe118ac045f64b2」のようなリクエストヘッダでサーバに渡します．それによって，サイトAのウェブサーバはクライアントを識別できるのです[12]．

演習： 本節で作成したセッションの利用例でクッキーを送受信する様子を，Firebugを使って観察してください．

---

[12] ブラウザがクッキーを受け取らない場合は，URLの中にセッションIDを挿入するなどの方法を採らなければなりませんが，その方法は本書では割愛します．

CHAPTER 7 データベースの操作

ウェブアプリのデータはデータベースで管理するのが一般的です．その際に用いるのが，データベース管理システム (Database Management System, DBMS) です．DBMSの操作には SQL とよばれるプログラミング言語を用います．本章では，一度ウェブアプリを離れ，SQL を使って DBMS を操作する方法を学びます．

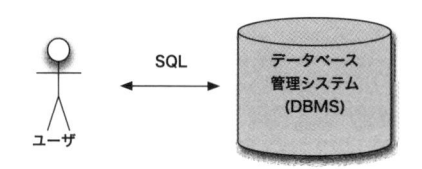

図 7.1 本章で学ぶこと：DBMS の操作方法

7.1 データベース管理システムの必要性

そもそも，なぜデータベース管理システムが必要なのでしょうか．

オンラインショッピングサイトを運営することを考えてみてください．顧客がログインしようとすると，その顧客情報がデータベースに問い合わされます．

顧客には商品のリストを提示しなければなりませんが，リストを HTML ファイルに書いておくわけにはいきません．扱う商品が変わるたびに HTML ファイルを書き換えるのは大変だからです．そこで，商品情報をデータベースに格納しておいて，そこからデータを取り出して，ページをダイナミックに生成することになります．このようなデータの独立性によって，システムが変化に柔軟に対応できます．

顧客が商品を購入すると，システムは記録されている在庫数を書き換えなければなりません．このようなデータを，ふつうのファイルに記録するとどうなるでしょうか．膨大な商品データを格納したファイル中の目的のデータに高速アクセスするためには，特別な方法を用意しなければなりません．複数の顧客が商品を購入しようとするとどうなるでしょう．一つのファイルに同時に書き込もうとするとおかしなことになりますから，一人がアクセスしている間はファイル全体をロックする（書き込みあるいは読み書きを禁止する）のがふつうでしょう．それでは多くの顧客に対応できませんから，ファイルの一部だけをロックするような，精巧な排他制御が必要になります．

サイトのデータへのアクセス権は，人によって細かく変わります．商品情報のうち，顧客がアクセスできる部分と運営者がアクセスできる部分とは当然異なります．細かいアク

セス制御を，OS がもつファイルのアクセス権管理機能で実装しようとするのは非現実的です．そのため，別にアクセス管理機能を実装しなければなりません．

以上のようなデータの独立性や排他制御機能，アクセス管理を提供するのが DBMS です．

データベースにはさまざまな形式がありますが，本書で利用するのはリレーショナルデータベース (Relational Database, RDB) とよばれるものです．RDB の管理システムがリレーショナルデータベース管理システム（Relational Database Management System, RDBMS）です．

7.2 MySQL

本書で用いる RDBMS は MySQL です．

MySQL を選択した理由は，自由に無料で使うことができること，広く普及しているためウェブ上の情報や書籍がたくさんあることです．レンタルサーバにウェブアプリを置く場合，RDBMS の選択肢が MySQL のみということもよくあります．

無料で使えるとはいっても，さまざまな機能が実装されているので，使いこなすまでにはかなりの経験が必要でしょう．MySQL の機能を本書ですべて紹介することはできませんので，p. 128 のコラムで紹介しているリファレンスマニュアルを適宜参照してください．

MySQL がどのようにデータを管理しているかを簡単に描くと，図 7.2 のようになります．MySQL は一つ以上のデータベースをもち，各データベースはまた一つ以上のテーブルをもちます[1]．表計算ソフトに慣れている人は，表計算ソフトが MySQL に，1 枚のシートがデータベースに，シートに書かれた表（複数）がテーブルに対応すると思ってもらえればいいでしょう．

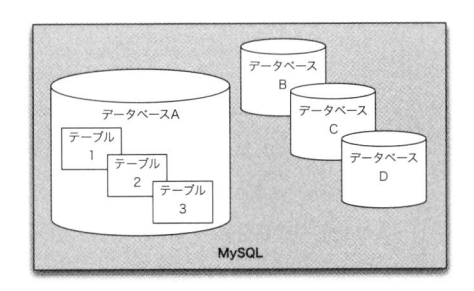

図 7.2 MySQL とデータベース，テーブルの関係

---

1) これは MySQL の用語であって，RDBMS によっては別の用語が使われる場合があります．たとえば Oracle の場合，図 7.2 の意味で MySQL の「データベース」に概念的に近いのは「スキーマ」です．逆に，Oracle の「データベース」は MySQL では「データベース領域（データベース全体の物理領域）」になります．

7.2.1 MySQL のインストール

▶ Ubuntu

Ubuntu では，以下のコマンドで MySQL をインストールします．途中でパスワードを訊かれたら，「`pass`」のような簡単なものを設定してください．

```
sudo apt-get install mysql-server mysql-client
```

▶ Windows

Windows では，XAMPP を 2.3.2 項でインストールしています．MySQL は XAMPP に含まれているので，MySQL のインストールは終わっています．

コマンドプロンプトから MySQL に接続するためのコマンドは「`C:\xampp\mysql\bin\mysql.exe`」ですが，毎回これを入力するのは面倒なので，図 7.3 のように PATH に登録しておくといいでしょう（コントロール パネル→［Windows 7 ではシステムとセキュリティ，Vista ではシステムとメンテナンス，XP ではパフォーマンスとメンテナンス］→システム→［Windows 7 と Vista ではシステムの詳細設定，XP では詳細設定］→環境変数）．

図 7.3 Windows で `C:\xampp\mysql\bin` を PATH に登録する

▶ Mac

Mac では，MySQL のウェブサイト（http://www.mysql.com/downloads/mysql/）から OS のバージョンにあったものの DMG Archive をダウンロード・展開します．展開されてできるファイル `mysql-バージョン番号.pkg` で MySQL がインストールされます．OS の起動時に MySQL も起動されるようにするために，`MySQLStartupItem.pkg` もインストールします[2]．

ターミナルから MySQL に接続するためのコマンドは `/usr/local/mysql/bin/mysql` ですが，毎回これを入力するのは面倒なので，次のようにして PATH の通ったディレクトリにシンボリックリンクを置きます（PATH の設定を変更してもかまいません）．

```
sudo mkdir /usr/local/bin
sudo ln -s /usr/local/mysql/bin/mysql /usr/local/bin/mysql
```

---

[2] MySQL for Mac（http://dev.mysql.com/doc/refman/5.1/ja/mac-os-x-installation.html）

7.2.2 MySQL サーバの起動と停止，再起動

▶ **Ubuntu**

以下のコマンドで MySQL サーバの起動と停止，再起動を行います．

```
sudo service mysql start      #起動
sudo service mysql stop       #停止
sudo service mysql restart    #再起動
```

▶ **Windows**

XAMPP Control Panel（p. 21 の図 2.11）で MySQL の起動と停止を行うことができます[3]．

▶ **Mac**

以下のコマンドで MySQL サーバの起動と停止，再起動を行います．

```
sudo /Library/StartupItems/MySQLCOM/MySQLCOM start      #起動
sudo /Library/StartupItems/MySQLCOM/MySQLCOM stop       #停止
sudo /Library/StartupItems/MySQLCOM/MySQLCOM restart    #再起動
```

7.2.3 MySQL への接続

MySQL を利用する方法はたくさんありますが，まずは最も基本的なものを試します．コンソールで次のように入力して MySQL に接続します[4]．

```
mysql -u ユーザ名 -p パスワード --default-character-set=文字コード
```

最初に利用するときは，ユーザ名は "root" です．パスワードはインストール時に設定したものです（本書の Ubuntu 環境では "pass"）．Windows と Mac ではパスワードを設定していないので，「mysql -uroot」で接続してから「SET password=PASSWORD('pass');」としてパスワードを設定してください．

文字コードは Ubuntu と Mac では「utf8」，Windows では「cp932」とします．「UTF-8」が正式な名前ですが，MySQL では utf8 です[5]．

```
alice@alice-desktop:~$ mysql -uroot -ppass --default-character-set=utf8
Welcome to the MySQL monitor.  Commands end with ; or \g.
Your MySQL connection id is 43
Server version: 5.1.41-3ubuntu12.6 (Ubuntu)

Type 'help;' or '\h' for help. Type '\c' to clear the current input statement.

mysql>
```

---

3) コントロール パネル\システムとセキュリティ\管理ツール\サービスを利用してもいいでしょう．
4) 「mysql -u ユーザ名 -p --default-character-set=文字コード」とすると，対話的にパスワードの入力を求められます（パスワードを周囲から見られません）．
5) 利用可能な文字コードは「SHOW CHARACTER SET;」で確認できます．

MySQL に接続すると，プロンプトが「mysql> 」となります．このプロンプトのもとでは，SQL という言語を用いて RDBMS を操作します．SQL 言語のキーワード等は大文字と小文字を区別しませんが，本書では大文字を使います．

コマンド exit でコンソールに戻ります．

```
mysql> exit
Bye
```

COLUMN 💡 RDBMS の選択肢

RDBMS は MySQL だけではありません．成熟度とプレゼンス，市場シェアが高い RDBMS には，DB2, Derby, Firebird, Ingres, Oracle, PostgreSQL, SQLite, SQL Server などがあります．

開発の現場では RDBMS を自由に選ぶことができないということがあり得ます．そういう場合に備えて，ウェブアプリは RDBMS に依存しないように構築するのが一般的なのですが，どうすれば RDBMS に依存しなくなるかは，実際に複数の RDBMS を使ってみないとなかなか実感できないものです．ですから，MySQL 以外の RDBMS も，実際に使ってみることをおすすめします．差異を知ることによって，RDBMS の本質への理解が深まるということもあるでしょう．

7.3 データベースとテーブルの作成

7.3.1 データベースの作成と削除

▶ データベースの作成

データベースの作成は CREATE DATABASE 文で行います．

```
CREATE DATABASE データベース名 DEFAULT CHARACTER SET utf8;
```

以下では，mydb という名前のデータベースで作業を進めます．まず，次のような SQL 文でデータベースを作成します．

```
mysql> CREATE DATABASE mydb DEFAULT CHARACTER SET utf8;
```

データベース名やテーブル名は大文字と小文字を区別すると思っていてください[6]．

SHOW DATABASES 文で，MySQL が管理しているデータベースを確認できます．

---

[6] 原則的にはファイルシステムが大文字と小文字を区別するかによります．ですから，Windows と Mac では区別がなく，GNU/Linux では区別があります．データベース名やテーブル名が数値だったりハイフンを含んでいたりするとエラーになります．そういうときは，「CREATE DATABASE '123-456' ...」のようにバッククォートで囲んでください．ディレクトリ名やファイル名に使えない文字はバッククォートで囲んでも使えません．

```
mysql> SHOW DATABASES;
+--------------------+
| Database           |
+--------------------+
| information_schema |
| mydb               |
| mysql              |
+--------------------+
```

mydb 以外のデータベースも表示されるはずです．これらは MySQL のインストール時に生成されたものです．

▶ データベースの利用

データベース mydb の利用を開始するには USE 文を使います[7]．

```
mysql> USE mydb
```

▶ データベースの削除

データベースの削除は DROP DATABASE 文で行います．先に作ったデータベース mydb を削除する SQL 文は次のとおりです．

```
mysql> DROP DATABASE mydb;
```

演習：データベースの作成と削除を試してください．

7.3.2　テーブルの作成と削除

▶ テーブルの作成

データベースができたら，その中にテーブルを作成します．ここでは表 7.1 のデータを格納するテーブルを作成します．テーブル名は message とします[8]．

表 7.1　サンプルデータ

id（通し番号）	name（送信者名）	body（メッセージ）
1	taro	test
2	k	テスト
3	taro	feeling' groovy
4	k	\(^^)/

表 7.1 のデータを格納するためには，以下のカラム（列）があればよいでしょう．

[7) 接続時に「mysql -uroot -ppass mydb」として，データベースを指定することもできます．
[8) 名前の付け方には何らかのルールを定めておくといいでしょう．「テーブル名には名詞の複数形を用いる」ということもよく行われますが，本書では名詞の単数形を用います．

- id という名前の整数カラム（通し番号を格納）
- name という名前の文字列カラム（送信者名を格納）
- body という名前の文字列カラム（メッセージを格納）

このテーブルを作成するためには，CREATE TABLE 文を使います（コマンドプロンプトやターミナルの上で SQL 文を書くのは大変なので，テキストエディタ上で SQL 文を書いて貼り付けるとよいでしょう）．

```
CREATE TABLE message (
  id INT AUTO_INCREMENT PRIMARY KEY,        -- 整数カラム id（主キー）
  name VARCHAR(10) DEFAULT 'k' NOT NULL,    -- 文字列カラム name（10 文字まで）．デフォルトは 'k'
  body VARCHAR(17) NOT NULL                 -- 文字列カラム body（17 文字まで）
) DEFAULT CHARSET=utf8;                     -- 文字コードは UTF-8
```

テーブルの構成要素は，カラム名，データ型，性質の順に列挙します．「--」以降はコメントです．二つのハイフンでコメントを表すというのは，たいていの RDBMS で共通ですが，MySQL の場合はハイフンのあとに空白が一つ必要です．

テーブルができたことを確認するには SHOW TABLES 文を使います．

```
mysql> SHOW TABLES;
+----------------+
| Tables_in_mydb |
+----------------+
| message        |
+----------------+
1 row in set (0.00 sec)
```

「DROP TABLE テーブル名;」でテーブルを削除できます．

テーブルの仕様を確認するには DESCRIBE 文（あるいは DESC 文）を使います．

```
mysql> DESC message;
+-------+-------------+------+-----+---------+----------------+
| Field | Type        | Null | Key | Default | Extra          |
+-------+-------------+------+-----+---------+----------------+
| id    | int(11)     | NO   | PRI | NULL    | auto_increment |
| name  | varchar(10) | NO   |     | k       |                |
| body  | varchar(17) | NO   |     | NULL    |                |
+-------+-------------+------+-----+---------+----------------+
```

▶ **MySQL のデータ型**

よく使うデータ型を表 7.2 にまとめました．

▶ **カラムの性質**

カラムの性質には次のようなものがあります．

NOT NULL　値を NULL（値がない状態）にすることを禁止する．基本的には，この制約

表 7.2　MySQL（太字は標準規格である SQL-92 に含まれているもの）

MySQL のデータ型	意味
BIT	1 ビット
INTEGER, INT	4 バイト整数
DECIMAL(M, D)	全体の桁数が M，小数点以下の桁数が D の固定小数点数
FLOAT	単精度浮動小数点数
DOUBLE	倍精度浮動小数点数
DATE	1000-01-01 から 9999-12-31 (UTC)
DATETIME	1000-01-01 00:00:00 から 9999-12-31 23:59:59
TIMESTAMP	1970-01-01 00:00:01 から 2038-01-19 03:14:07．行が更新されると更新される特殊な型
CHAR(n)	n(< 255) 文字までの固定長文字列
VARCHAR(n)	n(< 65,535) 文字までの可変長文字列
BLOB, TEXT	(64K−1) バイトまでの可変長文字列（BLOB はバイナリ）
MEDIUMBLOB, MEDIUMTEXT	(16M−1) バイトまでの可変長文字列
LONGBLOB, LONGTEXT	(4G−1) バイトまでの可変長文字列

は付けておいた方がよい[9]．

AUTO_INCREMENT　自動的に連番を振る．

PRIMARY KEY　値で行を特定できること，つまりテーブル中に同じ値や NULL が無いことを表す．主キー制約とよばれる．主キー制約は NOT NULL 制約を含んでいる．

DEFAULT　カラムのデフォルト値．ここではカラム name のデフォルト値を "k" としている．

COLUMN　💡 カラムの性質の変更

　カラムの性質はテーブルを作った後で設定・変更することができます．たとえば，単に「id INT」として作ったカラムを，次のような SQL 文で変更します．

```
ALTER TABLE message MODIFY id INT NOT NULL;
ALTER TABLE message ADD CONSTRAINT PRIMARY KEY (id);
ALTER TABLE message MODIFY id INT AUTO_INCREMENT;
```

　主キー制約は NOT NULL 制約を含んでいるため，最初の SQL 文は実は不要です．AUTO_INCREMENT はインデックスのあるカラムだけがもてる性質なので，主キーにした後でないと設定できません（主キー制約を付けるとインデックスが生成されます．インデックスについては 7.9 節で説明します）．
　このような操作のための SQL を憶えるのは大変なので，phpMyAdmin（7.6 節）を使うといいでしょう．

---

[9] NULL を許容するカラムがあると，条件の記述が複雑になります．たとえば，「x は 10 ではない」という条件は「x <> 10」ではなく「x <> 10 OR x IS NULL」と書かなければなりません（「IS NULL」と「IS NOT NULL」は NULL 専用の述語です）．

> **COLUMN　データベースと SQL**
>
> 　　データベースの定番の教科書としては，増永良文『データベース入門』（サイエンス社, 2006）や『リレーショナルデータベース入門』（サイエンス社, 新訂版, 2003）があります．
> 　　SQL のやさしい入門書としては，Beaulieu『初めての SQL』（オライリー・ジャパン, 2006）が，高度な解説書としては，Faroult ほか『アート・オブ・SQL』（オライリー・ジャパン, 2007）があります．SQL の練習問題がほしい人には，Celko『SQL パズル』（翔泳社, 第 2 版, 2007）がいいでしょう．SQL の理論を学びたいときは，ミック『達人に学ぶ SQL 徹底指南書』（翔泳社, 2008）や Date『データベース実践講義』（オライリー・ジャパン, 2006）を読むといいでしょう．前者には SQL の歴史についての記述もあります．各種 RDBMS に対応した SQL の事例集として，Molinaro『SQL クックブック』（オライリー・ジャパン, 2007）があります．
> 　　SQL は非手続き的な言語であり，欲しい結果の性質（what）だけを書き，結果の取得方法（how）は書かなくてもよいという利点があります．この点を強調したのが，拙著「SQL による数独の解法とクエリオプティマイザの有効性」（日本データベース学会論文誌, Vol. 9, No. 2, pp.13–18, 2010）です．

7.4　MySQL の文字コード

　MySQL には文字コードを設定しなければならない場面が大きく分けて二つあります．クライアント側の文字コードとサーバ側の文字コードです．ここでは，これらの文字コードの設定と確認の方法を紹介します．

7.4.1　クライアント側の文字コード

　クライアント側の文字コードは，クライアントからサーバに接続するときに指定します．前節で使ったコマンド `mysql` もクライアントの一種で，この文字コードは起動時にオプション「`--default-character-set=文字コード`」で指定します[10]．指定する文字コードは，Ubuntu と Mac では `utf8`，Windows では `cp932` です[11]．

7.4.2　サーバ側の文字コード

　サーバ側の文字コードは，データベースの作成時，「`CREATE DATABASE データベース名 DEFAULT CHARACTER SET=文字コード`」という SQL 文で指定します．この文字コードは常に `utf8` でいいでしょう[12]．

---

10)　「`SET NAMES 文字コード;`」としてクライアント側の文字コード設定することもできますが，本文のように接続時に設定する方法を推奨します．

11)　すべてを UTF-8 に統一するのが理想ですが，Window のコマンドプロンプトでは CP932（Windows-31J）しか使えないので仕方ありません．

12)　MySQL 5.5 からは，Unicode の追加面とよばれる領域の文字を扱うための `utf8mb4` を利用できます．

7.4.3 文字コードの確認方法

コンソール上で文字化けが発生したときは，「SHOW VARIABLES LIKE 'char%';」というコマンドを実行してみてください．

Ubuntu と Mac では次のような結果になるはずです（character_sets_dir は環境依存です）．

```
mysql> SHOW VARIABLES LIKE 'char%';
+--------------------------+----------------------------+
| Variable_name            | Value                      |
+--------------------------+----------------------------+
| character_set_client     | utf8                       |
| character_set_connection | utf8                       |
| character_set_database   | utf8                       |
| character_set_filesystem | binary                     |
| character_set_results    | utf8                       |
| character_set_server     | latin1                     |
| character_set_system     | utf8                       |
| character_sets_dir       | /usr/share/mysql/charsets/ |
+--------------------------+----------------------------+
```

Windows では次のような結果になります．

```
mysql> SHOW VARIABLES LIKE 'char%';
+--------------------------+-------------------------------+
| Variable_name            | Value                         |
+--------------------------+-------------------------------+
| character_set_client     | cp932                         |
| character_set_connection | cp932                         |
| character_set_database   | utf8                          |
| character_set_filesystem | binary                        |
| character_set_results    | cp932                         |
| character_set_server     | latin1                        |
| character_set_system     | utf8                          |
| character_sets_dir       | C:\xampp\mysql\share\charsets\ |
+--------------------------+-------------------------------+
```

結果がこのとおりにならないときは，文字コードの設定を確認してください．

7.5 データの操作

データの操作 "CRUD"（Create, Read, Update, Delete）には，次のような SQL 文を使います．

Create `INSERT INTO テーブル名 [(カラム名, ...)] VALUES データ`
Read `SELECT データ FROM テーブル名 WHERE 条件`
Update `UPDATE テーブル名 SET カラム名=値 WHERE 条件`
Delete `DELETE FROM テーブル名 WHERE 条件`

7.5.1 データの生成

作成したテーブル samples にデータ（行）を挿入します．挿入には INSERT 文を使います．INSERT 文には数種類の書き方があるので順番に紹介します．

最も基本的な INSERT 文は次のようになります（挿入結果は後述の SELECT 文で確認します）．

```
mysql> INSERT INTO message VALUES (1,'taro','test');
Query OK, 1 row affected (0.04 sec)

mysql> SELECT * FROM message;
+----+------+------+
| id | name | body |
+----+------+------+
|  1 | taro | test |
+----+------+------+
1 row in set (0.00 sec)
```

複数の行をまとめて挿入することもできます（これは MySQL 独自の記法です）．

```
mysql> INSERT INTO message VALUES (2,'k','テスト'),(3,'taro','feeling'' groovy');
Query OK, 2 rows affected (0.00 sec)
Records: 2  Duplicates: 0  Warnings: 0

mysql> SELECT * FROM message;
+----+------+-----------------+
| id | name | body            |
+----+------+-----------------+
|  1 | taro | test            |
|  2 | k    | テスト          |
|  3 | taro | feeling' groovy |
+----+------+-----------------+
```

カラム id は AUTO_INCREMENT ですから，指定しなくても自動的に番号がふられます．カラム name にはデフォルト値 'k' が設定されているので，省略することができます[13]．

```
mysql> INSERT INTO message (body) VALUES ('\\(^^)/');
Query OK, 1 row affected (0.00 sec)

mysql> SELECT * FROM message;
+----+------+-----------------+
| id | name | body            |
+----+------+-----------------+
|  1 | taro | test            |
|  2 | k    | テスト          |
```

[13) デフォルト値が設定されていないカラムの値を省略すると，数値なら 0，文字列なら '' を指定したのと同じことになります（MySQL 独自の仕様です）．

```
|  3 | taro | feeling' groovy |
|  4 | k    | \(^^)/          |
+----+------+-----------------+
```

「'」や「\」を使いたい場合は二つ並べます（これが必要なのは，コマンドmysqlを使っているときだけです）．

演習：主キーが重複するデータを挿入しようとするとどうなるでしょうか．実際に試してから，リファレンスマニュアルで，INSERT IGNORE文とON DUPLICATE KEY UPDATE節について調べてください．

7.5.2 データの検索

データベースからデータを検索して取り出す方法を紹介します．

データの検索には，次のようなSELECT文を使います．

```
SELECT 取り出したいデータ
FROM   対象のテーブル
WHERE  対象を限定する条件
```

すでに何度も使っている「SELECT * FROM message」は，取り出すデータが「*」つまりすべてのカラム，対象のテーブルがmessage，取り出す条件のない，つまりすべてのデータを取り出すSELECT文です．

条件を設定するのは簡単です．たとえば，次のようにして，idが2のデータのみを取り出せます．

```
mysql> SELECT * FROM message WHERE id=2;
+----+------+------+
| id | name | body |
+----+------+------+
|  2 | k    | テスト |
+----+------+------+
1 row in set (0.00 sec)
```

文字列を検索する場合も同様です．

```
mysql> SELECT * FROM message WHERE body='test';
+----+------+------+
| id | name | body |
+----+------+------+
|  1 | taro | test |
+----+------+------+
1 row in set (0.00 sec)
```

文字列の場合はもう少し柔軟な検索が可能です[14]．たとえば，初めの文字が'T'なら後

---

[14] MySQL独自の構文ですが，正規表現を使って条件を書くこともできます．たとえば「SELECT * FROM message WHERE name REGEXP '^T';」とすれば，カラムnameの先頭がTのものを取得できます．正規表現を使った検索は，検索速度が遅いので，大きなデータベースでは使わない方がよいでしょう．正規表現についての詳細はA.2.1項を参照してください．

はなんでもよいという場合には，次のように書きます（'%' は長さ 0 以上の任意の文字列です．'_' なら任意の 1 文字になります）．

```
mysql> SELECT * FROM message WHERE name LIKE 'T%';
+----+------+----------------+
| id | name | body           |
+----+------+----------------+
|  1 | taro | test           |
|  3 | taro | feeling' groovy|
+----+------+----------------+
```

SELECT 文が「;」でなく「\G」で終わると，カラムごとに改行して表示されます．表が横に長いときに便利です．

```
mysql> SELECT * FROM message WHERE name LIKE 'T%'\G
*************************** 1. row ***************************
  id: 1
name: taro
body: test
*************************** 2. row ***************************
  id: 3
name: taro
body: feeling' groovy
```

複数の条件を論理演算（AND, OR, XOR, NOT）でつなげることもできます．

```
mysql> SELECT * FROM message WHERE id=2 OR id=3;
+----+------+----------------+
| id | name | body           |
+----+------+----------------+
|  2 | k    | テスト          |
|  3 | taro | feeling' groovy|
+----+------+----------------+
```

次のように書けば，取り出したいカラムなどのデータを具体的に指定できます（ここでは body を指定しています．複数の場合はカンマで区切って並べます）．

```
mysql> SELECT body FROM message WHERE id=2 OR id=3;
+----------------+
| body           |
+----------------+
| テスト          |
| feeling' groovy|
+----------------+
```

「取り出したいデータ」の部分には関数を書くこともできます．たとえば，次のように書いて，id の 10 倍を取り出します．取り出したデータには「AS 名前」として名前を付けられます．

```
mysql> SELECT id*10 AS num FROM message;
+-----+
| num |
+-----+
|  10 |
|  20 |
|  30 |
|  40 |
+-----+
```

条件にも関数を書くことができます．次のように書いて，id が奇数のものだけを取り出します（MOD(id, 2) は，id を 2 で割った余りです．

```
mysql> SELECT * FROM message WHERE MOD(id,2)=1;
+----+------+----------------+
| id | name | body           |
+----+------+----------------+
|  1 | taro | test           |
|  3 | taro | feeling' groovy|
+----+------+----------------+
```

関数の動作を試したいだけのときは，テーブルを指定する必要はありません[15]．たとえば，MySQL には文字列の一部を切り出す SUBSTR という関数がありますが（p. 126 の表 7.9 を参照），次のようにその動作を確認することができます．

```
mysql> SELECT SUBSTR('ABCDEF',3,2);
+----------------------+
| SUBSTRING('ABCDEF',3,2) |
+----------------------+
| CD                   |
+----------------------+
1 row in set (0.05 sec)
```

MySQL で利用できる主な関数を 7.11 節でまとめているので参考にしてください．

7.5.3 データの更新

データの更新には UPDATE 文を使います．

> UPDATE テーブル名
> SET カラム名=値 [, カラム名 2=値 2 ...]
> WHERE 対象を特定するための条件

次のような SQL 文で，テーブル message の id が 1 の行の body の値が "ABC" になります．

---

[15] 集約関数は例外です．

```
UPDATE message SET body='ABC' WHERE id=1;
```

演習：上記の UPDATE 文を実行し，SELECT 文で結果を確認してください．

　現在の値を利用して，新しい値を設定することもできます．次のような SQL 文で，id が 1 の行の body の値に，"DEF" という文字列を連結できます（文字列操作のための関数は表 7.9（p. 126）にまとめてあります）．

```
UPDATE message SET body=CONCAT(body, 'DEF') WHERE id=1;
```

演習：上記の UPDATE 文を実行し，SELECT 文で結果を確認してください．

7.5.4　データの削除

　データの削除には DELETE 文を使います．WHERE 節を省略するとすべてのデータが削除されます[16]．

```
DELETE FROM テーブル名
WHERE 削除対象を決める条件
```

7.6　phpMyAdmin

　ここまでは，コマンドプロンプトやターミナルから MySQL を操作してきました．CRUD のための SQL 文は自在に扱えるようになっていなければなりませんが，それ以外の管理系のコマンドは使用頻度が低いため憶えるのが大変です．また，Windows のコマンドプロンプトには，UTF-8 を使えないという問題もあります．

　phpMyAdmin というブラウザから MySQL を操作するウェブアプリによって，これらの問題は解決できます．

7.6.1　phpMyAdmin のインストール

　phpMyAdmin のインストール方法を説明します．

▶ **Ubuntu**

　Ubuntu では以下のコマンドで phpMyAdmin をインストールします．途中でパスワードを訊かれたら，MySQL のパスワード（本書では pass）を入力してください．

```
sudo apt-get install phpmyadmin
```

---

[16]　すべてのデータを削除するのは「TRUNCATE TABLE テーブル名」のほうが高速です．ただし，ロールバックはできません（p. 125 のコラムを参照）．

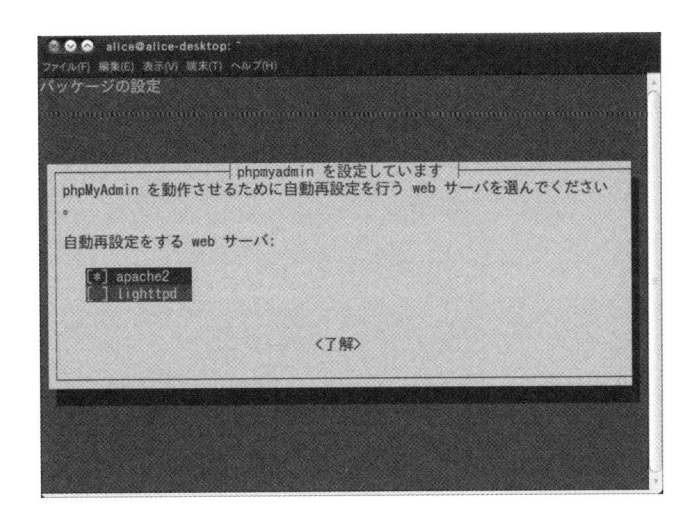

図 7.4 phpMyAdmin の初期設定

途中でウェブサーバの設定について訊かれたら，タブキーとスペースキーを使って，Apache と連動するようにしてください（図 7.4）．

▶ **Windows**

Windows では，2.3.2 項でインストールした XAMPP に phpMyAdmin は含まれていますが，初期設定では設定ファイル C:\xampp\phpMyAdmin\config.inc.php に記述したユーザしか利用できないようになっているので，このファイルをテキストエディタで開き，以下のように修正します．

```
$cfg['Servers'][$i]['auth_type'] = 'cookie';
```

▶ **Mac**

Mac では，以下の手順で phpMyAdmin をインストールします．
1. phpMyAdmin のサイト[17]から phpMyAdmin をダウンロードして展開する．
2. 展開してできるディレクトリの名前を，"phpmyadmin" に変更する．
3. ディレクトリを/Library/WebServer/Documents/にコピーする（Finder からは/ライブラリに見える場合もある）．
4. ディレクトリ内にある "config.sample.inc.php" を "config.inc.php" にコピーする．バージョンによって設定方法が変わる可能性があるので，サポートサイトを参照して下さい．

▶ **phpMyAdmin の利用**

http://localhost/phpmyadmin/にアクセスし，言語を「日本語 - Japanese」に，ユーザ名を "root"，パスワードを "pass" としてログインすると図 7.5 のようなページになり

---
17) http://www.phpmyadmin.net/

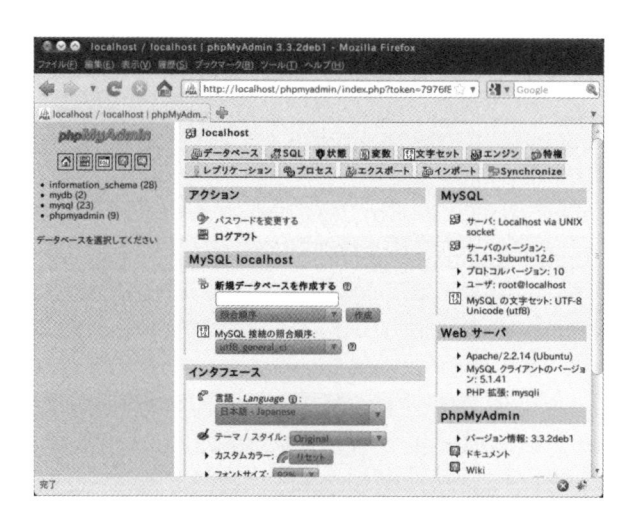

図 7.5　ブラウザから MySQL を操作する phpMyAdmin

ます．やりたいことがわかっているなら，SQL を憶えていなくてもこの画面から行えるでしょう（何をしたらよいかがわからない場合は，この章をもう一度読んでください）．

7.7 SELECT 文の詳細

本節は初読時には飛ばしてもかまいません

7.5.2 項で紹介した SELECT 文は次のようなものでした．

```
SELECT 取り出したいデータ
FROM 対象テーブル
WHERE 対象を限定する条件
```

SELECT 文にはほかにもさまざまな機能があります．p. 115 の表 7.4 のデータを使って説明しましょう（動かして確認したい場合は，先に 7.10.1 項の方法で，書誌情報データベースを作成してください）．

取り出したいデータに `DISTINCT` を付けると，結果から重複を取り除くことができます．

```
mysql> SELECT DISTINCT publisher FROM book;
+----------------------------+
| publisher                  |
+----------------------------+
| アスキー                   |
| ピアソンエデュケーション   |
+----------------------------+
```

`GROUP BY` 節によって，カラムの値が同じ行をまとめて処理することができます．集約関数（表 7.12）とともに使うことが多いでしょう．次のように書けば，テーブル book のすべてのデータから，`publisher` ごとに平均価格を計算できます．

```
mysql> SELECT publisher, AVG(price)
    -> FROM book
    -> GROUP BY publisher;
+--------------------------+------------+
| publisher                | AVG(price) |
+--------------------------+------------+
| アスキー                 | 5145.0000  |
| ピアソンエデュケーション | 4830.0000  |
+--------------------------+------------+
```

HAVING 節には，GROUP BY 節で生成された結果に対する条件を記述します．条件の書き方は WHERE 節（7.5.2 節）と同じです．次のように書けば，平均価格が 5000 より大きいものに絞り込みます．

```
mysql> SELECT publisher, AVG(price) AS x
    -> FROM book
    -> GROUP BY (publisher)
    -> HAVING x>5000;
+-----------+-----------+
| publisher | x         |
+-----------+-----------+
| アスキー  | 5145.0000 |
+-----------+-----------+
1 row in set (0.00 sec)
```

ORDER BY 節によって，結果を並び替えることができます（「ORDER BY price DESC」とすれば降順になります）．

```
mysql> SELECT title,price
    -> FROM book
    -> ORDER BY price;
+----------------------------------+-------+
| title                            | price |
+----------------------------------+-------+
| プログラミング作法               |  2940 |
| フリーソフトウェアと自由な社会   |  3360 |
| ハッカーズ大辞典                 |  3990 |
| 計算機プログラムの構造と解釈     |  4830 |
| The Art of Computer Programming 1| 10290 |
+----------------------------------+-------+
```

7.7.1 SELECT 文の文法

SELECT 文の構文は正確には次のようになります．[ ] は省略可能であること，| は選択肢，{ } は選択肢の集合，... は複数並べられることを表しています．今の段階ではこれは役に立たないかもしれませんが，本書で紹介する SELECT 文の性質を学んだ後でなら，よいメモとなります．

```
    SELECT
        [ALL | DISTINCT | DISTINCTROW ]
          [HIGH_PRIORITY]
          [STRAIGHT_JOIN]
          [SQL_SMALL_RESULT] [SQL_BIG_RESULT] [SQL_BUFFER_RESULT]
          [SQL_CACHE | SQL_NO_CACHE] [SQL_CALC_FOUND_ROWS]
        select_expr [, select_expr ...]
        [FROM table_references
        [WHERE where_condition]
        [GROUP BY {col_name | expr | position}
          [ASC | DESC], ... [WITH ROLLUP]]
        [HAVING where_condition]
        [ORDER BY {col_name | expr | position}
          [ASC | DESC], ...]
        [LIMIT {[offset,] row_count | row_count OFFSET offset}]
        [PROCEDURE procedure_name(argument_list)]
        [INTO OUTFILE 'file_name'
            [CHARACTER SET charset_name]
            export_options
          | INTO DUMPFILE 'file_name'
          | INTO var_name [, var_name]]
        [FOR UPDATE | LOCK IN SHARE MODE]]
```

7.8 インポートとエクスポート

さまざまなソフトウェアの間でデータを交換する方法を知っておくことは大切なことです．データの交換には，テキストファイルを使うのが安全です．MySQLにも，テキストファイルからデータを読み込む（インポート）機能とテキストファイルにデータを書き出す（エクスポート）機能が備わっています．インポートの方法は，9.1.2項で実例を使って紹介するので，ここではエクスポートの方法を紹介します．

データをテキストファイルに書き出すには，次のSQL文を実行します[18]．

```
SELECT * INTO OUTFILE 'ファイル名' FROM テーブル名;
```

ファイル名はフルパスで書きます．誰でも書き込める場所を使うのが簡単です．Ubuntuでは「/tmp/ファイル名」などとするのがいいでしょう（作成したファイルを削除するときには，管理者権限が必要です）．ファイルがすでに存在しているとエラーになるので注意してください．ファイル名をフルパスで指定しないとMySQLのデータディレクトリにファイルが作成されます．

---

[18] この方法はMySQL独自のものです．他のRDBMSのエクスポート方法は，C&R研究所『超図解SQLハンドブック』（エクスメディア，2005）にまとめられています．

> **COLUMN** データベースのバックアップ
>
> データベースの内容は,コマンド mysqldump によってファイルに書き出すことができます.
> データベース mydb の内容を書き出す場合は,コンソールで次のようにします.
>
> ```
> mysqldump -uroot -p mydb > mydb.dump
> ```
>
> ダンプされた結果は単なる SQL 文なので,次のようにして復元することができます.
>
> ```
> mysql -uroot -p mydb < mydb.dump
> ```
>
> MySQL に接続してから「SOURCE mydb.dump」として復元することもできます.

7.9 インデックス

紙の英語辞書を引くことを考えてください.目的の単語を,1ページ目から探すということはないでしょう.単語はそれよりも格段に早く見つけることができます.英語辞書は単語がアルファベット順に並んでいることがわかっているからです.

データベースのテーブルは,英語辞書のように常に並び替えられた状態を保つわけにはいきません.データの挿入や削除にとても時間がかかってしまうからです.並び替えに代わる方法がインデックスです.

7.9.1 インデックスの作成方法

インデックスがあれば,検索は速くなります[19].一方,インデックスがあると,データそのもの以外にも付加的な情報を保存しなければならなくなるため,データベースの更新は遅くなります.インデックスを用意するかどうかは,これらの長所と短所を考慮して決めなければなりません.

カラムに以下の制約があるときには,インデックスが自動的に生成されます.

主キー制約 CREATE TABLE 文において,「カラム名 型 PRIMARY KEY」と書いたカラムが主キーになる.主キーの値は行を特定できるものでなければならない(重複や NULL があってはならない).

ユニーク制約 CREATE TABLE 文において,UNIQUE(カラム名)と書いたカラムにはユニーク制約が課される.この制約が課されたカラムには重複があってはならない.

外部キー制約 CREATE TABLE 文において,「FOREIGN KEY(カラム名)REFERENCES 外部テーブル名(カラム名)」とした場合,対象カラムには,外部テーブルの指定した

---

[19] インデックスをどのように使うかは,テーブルの統計情報を元に決められます.テーブルの統計情報は,「ANALYZE TABLE テーブル名;」や「OPTIMIZE TABLE テーブル名;」で更新できます.

カラムの値しか設定できなくなる（p.117のコラム参照）．

インデックスを明示的に作成することもできます．明示的に作成できるインデックスは以下の2種類です．

インデックス　一般的なインデックス．CREATE TABLE 文中で，「KEY（カラム名）」あるいは「INDEX（カラム名）」のように記述して作成する[20]．対象が文字列のときは「カラム名（長さ）」として，インデックスに利用する長さを指定します[21]．

フルテキストインデックス　全文検索のためのインデックス．CREATE TABLE 文中で，「FULLTEXT（カラム名）」のように記述して作成する[22]．

7.9.2　インデックスの効果

本項は初読時には飛ばしてもかまいません

RDBMS には，SQL 文の具体的な実行方法を決める機構であるプランナが搭載されています．SQL の利用時には，具体的な手続き（how）を記述する必要はなく，欲しい結果の性質（what）だけを書けばよいのは，このプランナがあるためです．

インデックスを使うかどうかもプランナによって決められます．ここでは，プランナが生成する実行プランを観察して，インデックスの効果を想像してみましょう．

SQL の実行プランは，「EXPLAIN 実行予定の SELECT 文;」によって得られます．9.1 節で作成する郵便番号データベースで，郵便番号が 150 から始まるものを検索する場合を調べてみます．

まずは，インデックスがある場合です．

```
mysql> EXPLAIN SELECT * FROM zip WHERE code LIKE '150%'\G
*************************** 1. row ***************************
           id: 1
  select_type: SIMPLE
        table: zip
         type: range
possible_keys: code
          key: code
      key_len: 21
          ref: NULL
         rows: 276
        Extra: Using where
```

---

[20] インデックスは CREATE TABLE 文中で作成するのが簡単ですが，大量のデータをインポートするような場合には，インデックスのあるテーブルにデータをインポートするよりも，インデックスのない状態でデータをインポートしてからインデックスを作成する方が速いです．

[21] インデックスに使えるのは 767 バイト，UTF-8 の文字列なら 255 文字までです．

[22] フルテキストインデックスをサポートするのは MyISAM エンジンのみです．ただし，日本語は単語がスペースで区切られていないため，標準のフルテキストインデックスは役に立ちません．日本語の全文検索をする方法は二つあります．一つは Senna（http://qwik.jp/senna/FrontPageJ.html）のような全文検索エンジンを MySQL に組み込む方法です．Senna を組み込めば，リファレンスマニュアルにあるような全文検索の構文が，日本語に対しても利用できるようになります．もう一つは，文字列を形態素解析して単語に分解し，スペースで区切って保存する方法です．

いま，注目したいのは "rows" の部分です．これは検索時に調べる行数の見積もりです．上の例は，276 件程度調べると SELECT 文の結果が得られるであろうことを示しています．

次に，インデックスを ALTER TABLE 文で削除して，EXPLAIN 文を実行してみます[23]．

```
mysql> ALTER TABLE zip DROP INDEX code;
Query OK, 144526 rows affected (0.52 sec)
Records: 144526  Duplicates: 0  Warnings: 0

mysql> EXPLAIN SELECT * FROM zip WHERE code LIKE '150%'\G
*************************** 1. row ***************************
           id: 1
  select_type: SIMPLE
        table: zip
         type: ALL
possible_keys: NULL
          key: NULL
      key_len: NULL
          ref: NULL
         rows: 144526
        Extra: Using where
```

インデックスがないと，調べる行数の見積もりが 14 万件を超えています．

このように，インデックスがあるかどうかが，リレーショナルデータベースの性能を大きく左右するのです．

COLUMN　パフォーマンスチューニング

MySQL にはパフォーマンスチューニングのためのパラメータがたくさんあり，それらは設定ファイル（Ubuntu なら /etc/mysql/my.cnf，Windows なら C:\xampp\mysql\bin\my.ini，Mac なら /etc/my.cnf）で設定します．Ubuntu と Mac では，my.cnf のテンプレートがあらかじめ用意されているので，自分の環境に近いものを利用するのがよいでしょう．テンプレートには my-small.cnf，my-medium.cnf，my-large.cnf，my-huge.cnf，my-innodb-heavy-4G.cnf などがあります（「sudo find /usr -name my-small.cnf」とすれば見つかります）．

MySQL のパフォーマンスチューニングをする際に，まず読みたいのはリファレンスマニュアルの最適化に関する章です．Zawodny ほか『実践ハイパフォーマンス MySQL』（オライリー・ジャパン，第 3 版，2013）では，MySQL のパフォーマンスを上げるためのさまざまな方法が紹介されています．鈴木幸市『RDBMS 解剖学』（翔泳社，2005）で紹介されているような RDBMS の仕組みや，Pachev『詳解 MySQL』（オライリー・ジャパン，2007）や MySQL Internals（http://forge.mysql.com/wiki/MySQL_Internals）で紹介されているような MySQL の内部についての知識も，パフォーマンスチューニングに役立つかもしれません．

---

[23] インデックスの削除は ALTER TABLE 文で行えますが，忘れた場合は phpMyAdmin（7.6 節）を使うといいでしょう．

7.10 複数のテーブルで構成されるデータベース

本節は初読時には飛ばしてもかまいません

ここまでは，管理するテーブルが一つだけの単純なデータベースでした．この節では，書誌データを例に，複数のテーブルからなるデータベースの操作方法を説明します．

7.10.1 書誌データベース

次のような書誌データを扱います．

- Donald E. Knuth（著），有澤 誠，和田 英一，青木 孝，筧 一彦，鈴木 健一，長尾 高弘（訳）．The Art of Computer Programming 1. アスキー，2004. ISBN: 9784756144119. 10290 円．
- Richard M. Stallman（著），長尾 高弘（訳）．フリーソフトウェアと自由な社会．アスキー，2003. ISBN: 9784756142818. 3360 円．
- Gerald Jay Sussman, Julie Sussman, Harold Abelson（著），和田 英一（訳）．計算機プログラムの構造と解釈．ピアソンエデュケーション，2000. ISBN: 9784894711631. 4830 円．
- Brian Kernighan, Rob Pike（著），福崎 俊博（訳）．プログラミング作法．アスキー，2000. ISBN: 9784756136497. 2940 円．
- Eric S. Raymond, Guy L., Jr. Steele（著），福崎 俊博（訳）．ハッカーズ大辞典．アスキー，2002. ISBN: 9784756140845. 3990 円．

このデータを表 7.3 のようにそのままテーブルにするのは，あまりよくありません．リレーショナルデータベースに適した形に変換しましょう．

表 7.3 サンプル書誌データのためのテーブル（悪い例）

クリエイター	書名	出版社	出版年	ISBN	価格
⋮	⋮	⋮	⋮	⋮	⋮

データ形式をどのように変換するかは，実体関連（Entity-Relationship, ER）図を用いて記述します．1 冊の書籍には複数のクリエイターがいますから，ER 図は図 7.6 の上のようになります（実体を長方形，関連を実線で表しています）[24]．書籍とクリエイターの関連を取り出して，それも実体と見なせば図 7.6 の下のようになります．

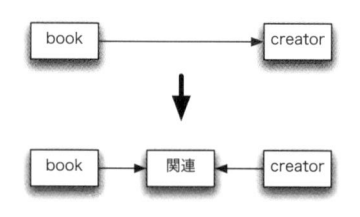

図 7.6 書誌データ管理データベースの ER 図

---

[24] 実体どうしが何対何の関係にあるかをカーディナリティといいますが，ER 図ではそれを矢印の形で表現します．ただし，これは BACHMAN 型の ER 図の記法です．ER 図にはほかにも Chen 型や IE 型，IDEF1X 型などがあります．

7.10 複数のテーブルで構成されるデータベース

```
 ┌─────────────────────┐    ┌─────────┐
 ↓                     ↓    ↓         ↓
| id | title | publisher... |  | bookId | creatorId |  | id | name |
         book                    bookCreator            creator
```

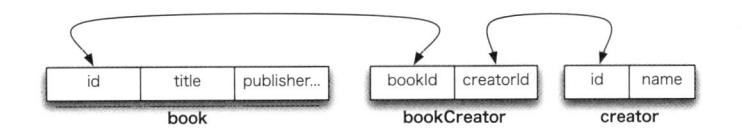

図 7.7　図 7.6 のモデルに基づいて作成するテーブル

このモデルをもとに，図 7.7 のようにテーブルを作成します．具体的には表 7.4, 7.5, 7.6 のようになります[25]．

演習：表 7.4, 7.5, 7.6 が先に挙げた書誌データを完全に表現できているかどうか考えてください．

演習：書誌データを表 7.3 のような一つの表で管理するのがよくない理由を考えてください．

表 7.4　書籍テーブル：book

id	title	publisher	year	isbn	price
1	The Art of Computer Programming 1	アスキー	2004	9784756144119	10290
2	フリーソフトウェアと自由な社会	アスキー	2003	9784756142818	3360
3	計算機プログラムの構造と解釈	ピアソンエデュケーション	2000	9784894711631	4830
4	プログラミング作法	アスキー	2000	9784756136497	2940
5	ハッカーズ大辞典	アスキー	2002	9784756140845	3990

表 7.5　クリエイターテーブル：creator

id	name
1	Donald E. Knuth
2	有澤 誠
3	和田 英一
4	青木 孝
5	筧 一彦
6	鈴木 健一
7	長尾 高弘
8	Richard M. Stallman
9	Gerald Jay Sussman
10	Julie Sussman
11	Harold Abelson
12	Brian Kernighan
13	Rob Pike
14	福崎 俊博
15	Eric S. Raymond
16	Guy L., Jr. Steele

表 7.6　書籍とクリエイターの対照テーブル：bookCreator

id	bookId	creatorId	role
1	1	1	著
2	1	2	訳
3	1	3	訳
4	1	4	訳
5	1	5	訳
6	1	6	訳
7	1	7	訳
8	2	8	著
9	2	7	訳
10	3	9	著
11	3	10	著
12	3	11	著
13	3	3	訳
14	4	12	著
15	4	13	著
16	4	14	訳
17	5	15	著
18	5	16	著
19	5	14	訳

---

[25] テーブルを正しく設計し直すことを「正規化」といいます．正規化には第 1 から第 2, 第 3, Boyce-Codd, 第 4, 第 5 までさまざまな段階があります．

▶ テーブル：book の作成

書籍を管理するテーブル book（表 7.4）を作成します[26]．

```
CREATE TABLE book(
  id INT AUTO_INCREMENT PRIMARY KEY,
  isbn CHAR(13) DEFAULT '' NOT NULL,
  title TEXT NOT NULL,
  publisher VARCHAR(50) DEFAULT '' NOT NULL,
  year INT DEFAULT 0 NOT NULL,
  price INT DEFAULT 0 NOT NULL,
  UNIQUE (isbn)
) ENGINE=InnoDB DEFAULT CHARSET=utf8;
```

UNIQUE (isbn) というのは，isbn に重複があってはならないという制約（ユニーク制約）です（7.9 節を参照）．

MySQL には必要な機能に応じて使い分けられるさまざまなテーブルの種類（ストレージエンジン）があります．ここでは「ENGINE=InnoDB」として，ストレージエンジンを InnoDB にしています．InnoDB は MySQL の最も汎用的なテーブルなのですが，この指定をしないと MyISAM という別の形式のテーブルが作成されることがあります．MyISAM では，トランザクション（p. 125 のコラム参照）や外部キー制約（p. 117 のコラム参照）を利用することができないので，この指定は忘れないようにしてください．

テーブル book にデータを入力します．

```
INSERT INTO book VALUES (1,'9784756144119','The Art of Computer Programming 1',
                         'アスキー',2004,10290);
INSERT INTO book VALUES (2,'9784756142818','フリーソフトウェアと自由な社会',
                         'アスキー',2003,3360);
INSERT INTO book VALUES (3,'9784894711631','計算機プログラムの構造と解釈',
                         'ピアソンエデュケーション',2000,4830);
INSERT INTO book VALUES (4,'9784756136497','プログラミング作法','アスキー',2000,2940);
INSERT INTO book VALUES (5,'9784756140845','ハッカーズ大辞典','アスキー',2002,3990);
```

▶ テーブル：creator の作成

クリエイターを管理するテーブル creator（表 7.5）を作成し，データを入力します．

```
CREATE TABLE creator(
  id INT AUTO_INCREMENT PRIMARY KEY,
  name VARCHAR(50) NOT NULL
) ENGINE=InnoDB DEFAULT CHARSET=utf8;
```

```
INSERT INTO creator (id,name) VALUES
(1,'Donald E. Knuth'),
(2,'有澤 誠'),
(3,'和田 英一'),
(4,'青木 孝'),
```

---

[26] SQL 文は本書のサポートサイト（http://www.morikita.co.jp/soft/84732/）にあります．

7.10 複数のテーブルで構成されるデータベース

```
(5,'筧 一彦'),
(6,'鈴木 健一'),
(7,'長尾 高弘'),
(8,'Richard M. Stallman'),
(9,'Gerald Jay Sussman'),
(10,'Julie Sussman'),
(11,'Harold Abelson'),
(12,'Brian Kernighan'),
(13,'Rob Pike'),
(14,'福崎 俊博'),
(15,'Eric S. Raymond'),
(16,'Guy L., Jr. Steele');
```

▶書籍とクリエイターの対照テーブル

書籍とクリエイターの対照テーブル bookCreator（表7.6）を作成し，データを入力します（ここでは role は扱わないことにします）．

```
CREATE TABLE bookCreator(
  id int AUTO_INCREMENT PRIMARY KEY,
  bookId INT NOT NULL,
  creatorId INT NOT NULL,
  role VARCHAR(10) DEFAULT '' NOT NULL,
  FOREIGN KEY (bookId) REFERENCES book(id),
  FOREIGN KEY (creatorId) REFERENCES creator(id)
) ENGINE=InnoDB;

INSERT INTO bookCreator (bookId,creatorId) VALUES
(1,1), (1,2), (1,3), (1,4), (1,5),
(1,6), (1,7), (2,8), (2,7), (3,9),
(3,10), (3,11), (3,3), (4,12), (4,13),
(4,14), (5,15), (5,14), (5,16);
```

COLUMN 🖉 **外部キー**

対照テーブルの bookId の値は，実際にテーブル book の id として存在するものでなければなりません．creatorId も同様です．このような条件を指定するのが「外部キー制約」です．外部キー制約は InnoDB エンジンでサポートされています（MyISAM エンジンではサポートされていません）．

外部キーを設定している場合，テーブル bookCreator への入力は，テーブル book とテーブル creator にデータが入ってからでなければなりません．なぜなら，外部キー制約のために，bookId の値はテーブル book の中に存在しなければならないからです．creatorId についても同様です．このことを確認するために，不正なデータの挿入を試みます．どちらの場合も，外部キー制約に反しているというエラーが出るはずです（book.id は 5 まで，creator.id は 16 までしかデータが入っていません）．

```
INSERT INTO bookCreator (bookId,creatorId) VALUES (1,20);
INSERT INTO bookCreator (bookId,creatorId) VALUES (6,10);
```

データをロードするときなど，外部キーのチェックを一時的に無効にしたい場合は，「SET FOREIGN_KEY_CHECKS=0;」とします（「=1」とすると有効になります）．

演習 bookCreator.bookId で参照されている id をもつデータを，テーブル book から削除しようとするとどうなるか調べてください．

外部キーが変更された場合の動作は，CREATE TABLE 文の中で次のように設定することができます．

```
CONSTRAINT book_fky FOREIGN KEY (bookId) REFERENCES book(id)
ON DELETE NO ACTION ON UPDATE CASCADE
```

この例では，削除された場合はエラーになり（ON DELETE NO ACTION，これはデフォルトの動作），変更された場合は関連する bookId も変更されます（ON UPDATE CASCADE）．このようなオプションは，テーブルの整合性を保つための処理を不要にするのでとても便利です．

7.10.2 テーブルの結合

書誌データを表 7.4，7.5，7.6 の三つのテーブルに分割して管理することにしました．このデータベースを活用するためには，これらのテーブルを結合する方法がなければなりません[27]．

まず，二つのテーブル：book と bookCreator を結合させてみましょう

演習： 次の SQL 文で何が起こるか調べてください（id は二つのテーブルにあるので，曖昧さを無くすために「book.id」などとしています）．

```
SELECT book.id,title,bookCreator.id,bookId,creatorId
FROM book,bookCreator;
```

結果の一部を抜き出すと表 7.7 のような直積（すべての組み合わせ）になります．book のデータと bookCreator のデータの組み合わせがすべて列挙されますが，意味があるのは book.id=bookId のところ（網掛け部分）だけです．そこだけを抜き出すような条件を追加しましょう．

---

[27] テーブルの結合はリレーショナルデータベースの最も得意とする処理の一つですが，単純なものならリレーショナルデータベースでなくてもできます．OpenOffice.org Calc や Microsoft Excel ならば関数 VLOOKUP() である程度実現できます．Unix のコマンドである cut と join の組み合わせでも簡単なテーブル結合を実現することができます．

7.10 複数のテーブルで構成されるデータベース 第7章

表 7.7 「FROM book, bookCreator」の結果（一部）

book.id	title	bookCreator.id	bookId	creatorId
1	The Art of Computer Programming 1	1	1	1
1	The Art of Computer Programming 1	2	1	2
1	The Art of Computer Programming 1	3	1	3
1	The Art of Computer Programming 1	4	1	4
1	The Art of Computer Programming 1	5	1	5
1	The Art of Computer Programming 1	6	1	6
1	The Art of Computer Programming 1	7	1	7
1	The Art of Computer Programming 1	8	2	8
1	The Art of Computer Programming 1	9	2	7
1	The Art of Computer Programming 1	10	3	9
1	The Art of Computer Programming 1	11	3	10
1	The Art of Computer Programming 1	12	3	11
1	The Art of Computer Programming 1	13	3	3
1	The Art of Computer Programming 1	14	4	12
1	The Art of Computer Programming 1	15	4	13
1	The Art of Computer Programming 1	16	4	14
1	The Art of Computer Programming 1	17	5	15
1	The Art of Computer Programming 1	18	5	14
1	The Art of Computer Programming 1	19	5	16
⋮	⋮	⋮	⋮	⋮

```
SELECT book.id,title,bookId,creatorId
FROM book,bookCreator
WHERE book.id=bookCreator.bookId;

+----+----------------------------------+--------+-----------+
| id | title                            | bookId | creatorId |
+----+----------------------------------+--------+-----------+
|  1 | The Art of Computer Programming 1|      1 |         1 |
|  1 | The Art of Computer Programming 1|      1 |         2 |
|  1 | The Art of Computer Programming 1|      1 |         3 |
|  1 | The Art of Computer Programming 1|      1 |         4 |
|  1 | The Art of Computer Programming 1|      1 |         5 |
|  1 | The Art of Computer Programming 1|      1 |         6 |
|  1 | The Art of Computer Programming 1|      1 |         7 |
|  2 | フリーソフトウェアと自由な社会   |      2 |         8 |
|  2 | フリーソフトウェアと自由な社会   |      2 |         7 |
|  3 | 計算機プログラムの構造と解釈     |      3 |         9 |
|  3 | 計算機プログラムの構造と解釈     |      3 |        10 |
|  3 | 計算機プログラムの構造と解釈     |      3 |        11 |
|  3 | 計算機プログラムの構造と解釈     |      3 |         3 |
|  4 | プログラミング作法               |      4 |        12 |
|  4 | プログラミング作法               |      4 |        13 |
|  4 | プログラミング作法               |      4 |        14 |
...
```

119

```
|  5 | ハッカーズ大辞典                     |     5 |     15 |
|  5 | ハッカーズ大辞典                     |     5 |     14 |
|  5 | ハッカーズ大辞典                     |     5 |     16 |
+----+--------------------------------------+-------+--------+
```

creatorId ではわかりにくいので，creator.name を表示させましょう．creator.id=bookCreator.creatorId という条件でテーブル creator も結合します（図 7.7 を参照）．

```
SELECT book.id,book.title,creator.name
FROM book,bookCreator,creator
WHERE book.id=bookCreator.bookId AND creator.id=bookCreator.creatorId;
```

```
+----+--------------------------------------+----------------------+
| id | title                                | name                 |
+----+--------------------------------------+----------------------+
|  1 | The Art of Computer Programming 1    | Donald E. Knuth      |
|  1 | The Art of Computer Programming 1    | 有澤 誠              |
|  1 | The Art of Computer Programming 1    | 和田 英一            |
|  1 | The Art of Computer Programming 1    | 青木 孝              |
|  1 | The Art of Computer Programming 1    | 筧 一彦              |
|  1 | The Art of Computer Programming 1    | 鈴木 健一            |
|  1 | The Art of Computer Programming 1    | 長尾 高弘            |
|  2 | フリーソフトウェアと自由な社会       | Richard M. Stallman  |
|  2 | フリーソフトウェアと自由な社会       | 長尾 高弘            |
|  3 | 計算機プログラムの構造と解釈         | Gerald Jay Sussman   |
|  3 | 計算機プログラムの構造と解釈         | Julie Sussman        |
|  3 | 計算機プログラムの構造と解釈         | Harold Abelson       |
|  3 | 計算機プログラムの構造と解釈         | 和田 英一            |
|  4 | プログラミング作法                   | Brian Kernighan      |
|  4 | プログラミング作法                   | Rob Pike             |
|  4 | プログラミング作法                   | 福崎 俊博            |
|  5 | ハッカーズ大辞典                     | Eric S. Raymond      |
|  5 | ハッカーズ大辞典                     | 福崎 俊博            |
|  5 | ハッカーズ大辞典                     | Guy L., Jr. Steele   |
+----+--------------------------------------+----------------------+
```

テーブルの結合は，「JOIN テーブル名 ON 結合条件」という書き方をするのが標準的です．この記法で先の SQL 文を書き直すと，次のようになります[28]．

```
SELECT book.id,book.title,creator.name
FROM book
JOIN bookCreator ON book.id=bookCreator.bookId
JOIN creator ON creator.id=bookCreator.creatorId;
```

演習： 上記の SELECT 文を実行し，結果を確認してください．

---

28) ここで紹介しているのはテーブルの結合でも，特に「内部結合」とよばれるものです．他に外部結合がありますが，本書では扱いません．

7.10.3 SQL クイズ

リレーショナルデータベースの扱いに慣れるために，書誌データベースを利用するクイズをやってみましょう．以下に挙げる結果を得るための SELECT 文を作ってください．

解答は後に載せてありますが，まず自分で考えてみることを強く勧めます．

1. title と price を表示する

```
+------------------------------------------+-------+
| title                                    | price |
+------------------------------------------+-------+
| The Art of Computer Programming Volume 1 | 10290 |
| フリーソフトウェアと自由な社会           |  3360 |
| 計算機プログラムの構造と解釈             |  4830 |
| プログラミング作法                       |  5940 |
| ハッカーズ大辞典                         |  3990 |
+------------------------------------------+-------+
```

2. title に「プログラ」を含む本を表示する

```
+----+---------------+------------------------------+------------------------+------+-------+
| id | isbn          | title                        | publisher              | year | price |
+----+---------------+------------------------------+------------------------+------+-------+
|  3 | 9784894711631 | 計算機プログラムの構造と解釈 | ピアソンエデュケーション | 2000 |  4830 |
|  4 | 9784756136497 | プログラミング作法           | アスキー               | 2000 |  2940 |
+----+---------------+------------------------------+------------------------+------+-------+
```

3. bookCreator から『プログラミング作法』(bookId=4) のレコードを取り出す

```
+--------+-----------+
| bookId | creatorId |
+--------+-----------+
|      4 |        12 |
|      4 |        13 |
|      4 |        14 |
+--------+-----------+
```

4. creatorId ではなく name を表示する

```
+--------+-----------------+
| bookId | name            |
+--------+-----------------+
|      4 | Brian Kernighan |
|      4 | Rob Pike        |
|      4 | 福崎 俊博       |
+--------+-----------------+
```

5. title を表示する

```
+--------------------+-----------------+
| title              | name            |
+--------------------+-----------------+
| プログラミング作法 | Brian Kernighan |
```

```
| プログラミング作法   | Rob Pike         |
| プログラミング作法   | 福崎 俊博        |
+--------------------+------------------+
```

6. price で並び替える

```
+----+----------------------------------+-------+
| id | title                            | price |
+----+----------------------------------+-------+
|  1 | The Art of Computer Programming 1| 10290 |
|  3 | 計算機プログラムの構造と解釈     |  4830 |
|  5 | ハッカーズ大辞典                 |  3990 |
|  2 | フリーソフトウェアと自由な社会   |  3360 |
|  4 | プログラミング作法               |  2940 |
+----+----------------------------------+-------+
```

7. price の合計を求める

```
+------------+
| SUM(price) |
+------------+
|      25410 |
+------------+
```

8. price の平均を求める

```
+------------+
| AVG(price) |
+------------+
|  5082.0000 |
+------------+
```

9. price の平均（出版社ごと）を求める

```
+--------------------------+------------+
| publisher                | AVG(price) |
+--------------------------+------------+
| アスキー                 |  5145.0000 |
| ピアソンエデュケーション |  4830.0000 |
+--------------------------+------------+
```

10. name, 冊数のリストを冊数の多い順に表示する

```
+--------------------+---+
| name               | c |
+--------------------+---+
| 和田 英一          | 2 |
| 福崎 俊博          | 2 |
| 長尾 高弘          | 2 |
| Donald E. Knuth    | 1 |
| Eric S. Raymond    | 1 |
```

```
| Brian Kernighan        | 1 |
| Gerald Jay Sussman     | 1 |
| 鈴木 健一               | 1 |
| Harold Abelson         | 1 |
| Richard M. Stallma     | 1 |
| 筧 一彦                 | 1 |
| 有澤 誠                 | 1 |
| Guy L., Jr. Steele     | 1 |
| Rob Pike               | 1 |
| Julie Sussman          | 1 |
| 青木 孝                 | 1 |
+------------------------+---+
```

11. 2冊以上に関係している人を表示する

```
+-----------+---+
| 和田 英一 | 2 |
| 長尾 高弘 | 2 |
| 福崎 俊博 | 2 |
+-----------+---+
```

▶ **クイズの解答**

クイズの解答です．解答を見る前に，自分で考えてみることを強く勧めます．

1. 取り出したいカラム名を SELECT の後に，対象のテーブル名を FROM の後に書きます．

```
SELECT title,price
FROM book;
```

2. 取り出す条件は WHERE の後に書きます．任意の数の文字（%）や任意の1文字（_）のようなワイルドカード文字を含んだ文字列との比較には，「=」ではなく LIKE を使います．

```
SELECT *
FROM book
WHERE title LIKE '%プログラ%';
```

3. これは次の問題の準備です．

```
SELECT bookId,creatorId
FROM bookCreator
WHERE bookId=4;
```

4. 「JOIN テーブル名 ON 結合条件」としてテーブルを結合します．

```
SELECT bookId,creator.name
FROM bookCreator
JOIN creator ON creator.id=creatorId
WHERE bookId=4;
```

5. テーブルが三つになった場合も同様です．

```
SELECT book.title,creator.name
FROM bookCreator
JOIN creator ON creator.id=creatorId
JOIN book ON bookId=book.id
WHERE bookId=4;
```

6. 並び替えは「ORDER BY 基準ラベル」で行います．降順 (descending) にしたい場合は DESC を付けます．

```
SELECT id,title,price
FROM book
ORDER BY price DESC;
```

7. 合計は集約関数 SUM() で求められます．

```
SELECT SUM(price)
FROM book;
```

8. 平均は集約関数 AVG() で求められます．

```
SELECT AVG(price)
FROM book;
```

9. GROUP BY 節とともに集約関数を使うと，グループごとに関数値を計算します．

```
SELECT publisher,AVG(price)
FROM book
GROUP BY publisher;
```

10. ORDER BY 節は GROUP BY 節のあとに書きます．

```
SELECT name,COUNT(bookid) AS c
FROM creator
JOIN bookCreator ON bookCreator.creatorId=creator.id
GROUP BY creatorId
ORDER BY c DESC;
```

11. GROUP BY の結果を条件でしぼり込むには，WHERE 節ではなく HAVING 節を使います．

```
SELECT name,COUNT(bookid) AS c
FROM creator
JOIN bookCreator ON bookCreator.creatorId=creator.id
GROUP BY creatorId
HAVING c>1;
```

7.10 複数のテーブルで構成されるデータベース　第7章

COLUMN　トランザクション

7.5節で述べたように，リレーショナルデータベースのデータの "CRUD"（Create，Read，Update，Delete）は，それぞれに対応するSQL文で行います．これらはリレーショナルデータベースの処理の最小単位ではありますが，アプリケーションの処理の最小単位であるとは限りません．

アプリケーションの処理の最小単位をトランザクションとよびます．トランザクションは一つ以上のSQL文の組み合わせになります．一つ以上のSQL文の実行の途中で障害が発生した場合は，すべての処理を取り消して，元に戻せなければなりません．この，元に戻る処理をロールバックとよびます．たとえば，銀行口座Aから銀行口座Bに送金する際，Aの残高を減らした後，Bの残高を増やす前にエラーが発生したならば，処理をすべてキャンセルして，ロールバックしなければなりません．

トランザクションはACIDとよばれる以下の四つの特性を満たさなければなりません．

Atomicity（原子性）　処理のすべてが実行されるか，すべてが実行されないかのいずれかでなければならない

Consistency（一貫性）　データベースを一貫した状態から別の一貫した状態に遷移させなければならない

Isolation（隔離性）　トランザクションは，同時に実行される別のトランザクションの影響を受けずに処理されなければならない

Durability（永続性）　コミットされたトランザクションによる変化は失われてはならない

トランザクションはInnoDBエンジンでサポートされています（MyISAMエンジンではサポートされていません）．これを試してみましょう．

```
START TRANSACTION;    -- トランザクションを新たに開始する．「BEGIN;」でもよい．
DELETE FROM bookCreator;    -- すべてのデータを消去する．
ROLLBACK;             -- ロールバックする．
SELECT * FROM bookCreator; -- テーブル内容を確認する．
```

すべてのデータを消去したにもかかわらず，データが復元されていることが確認できます．ロールバックせずに，変更を確定するには「COMMIT;」とします（コミットしなくても新たにトランザクションを開始したりDDL（後述）やTRUNCATE文を実行すると，自動的にそれまでの操作がコミットされます）．これがトランザクションの基本です．

毎回トランザクションを開始するのは面倒なので，トランザクションが必要な場合は「SET AUTOCOMMIT=0;」としておきます．こうすると，明示的にコミットしない限り，変更は保存されません．

DDL　データ定義言語 (Data Definition Language) ALTER, CREATE, DROP

DML　データ操作言語 (Data Manipulate Language) DELETE, INSERT, LOAD, SELECT, TRUNCATE, UPDATE

DCL　データ制御言語 (Data Control Language) COMMIT, ROLLBACK, START TRANSACTION

7.11 MySQLでサポートされる関数

MySQLでサポートされる演算子と関数を紹介します[29]（表7.8〜7.13）。これらをすべて覚えておく必要はありませんが，目を通しておくとちょっとした作業のときに役立ちます．標準的ではないものには「*」が付いています[30]．MySQL以外のRDBMSを使う場合は気をつけてください．

表7.8 制御関数（標準的ではないものには「*」が付いています）

CASE	「CASE foo WHEN bar THEN baz WHEN qux THEN quux ELSE corge END」は，foo=bar なら baz を，foo=qux なら quux を，それ以外では corge を返す．「CASE WHEN foo THEN bar WHEN baz THEN qux ELSE quux END」は foo なら bar を，baz なら qux を，それ以外では quux を返す．
IF*	IF(foo,bar,baz) は，foo が真なら bar を，foo が真でなければ baz を返す．

表7.9 文字列関数（標準的ではないものには「*」が付いています）

CHAR_LENGTH	CHAR_LENGTH(str) は，str の文字数を返す．
CONCAT	CONCAT(str1,str2) は，str1 と str2 を連結してできる文字列を返す．
HEX*	HEX(str) は str の文字コードを16進数の文字列の形で返す．
LEFT*	LEFT(str,len) は str の最初の len 文字を返す．
LOCATE	LOCATE(sub,str[,pos]) は，str の pos（省略すると1）文字目以降に最初に出現する sub の位置を返す．
REPEAT*	REPEAT(str,count) は，str を count 回繰り返した文字列を返す．
REPLACE	REPLACE(str,foo,bar) は，str 中の foo を bar に置換した結果の文字列を返す．
SUBSTR	SUBSTR(str,pos,len) は，str の pos 文字目から len 文字（省略時は最後まで）の部分文字列を返す．
SUBSTRING_INDEX	SUBSTRING_INDEX(str,delimiter,count) は，文字列 str を delimiter で区切り，count 番目の demiliter の前までの部分文字列を返す．
TRIM*	TRIM(LEADING,foo,bar) は，bar の先頭から foo を取り除いた文字列を返す．LEADING でなく TAILING なら末尾から，BOTH なら両方から取り除く．
UNHEX*	UNHEX(str) は，str を16進数の文字列で表現した文字コードと解釈したときに，そのコードが表す文字列を返す（HEX の逆）．

---

29) ここですべての組み込み関数を紹介しているわけではありません．すべてを知りたい場合は，リファレンスマニュアルを参照してください．

30) 「標準的」というのは，多くの RDBMS で実装されているということであって，「ISO 標準」という意味ではありません．

7.11 MySQLでサポートされる関数

表 7.10 数学関数（標準的ではないものには「*」が付いています）

ABS	絶対値
ACOS	arccos
ASIN	arcsin
ATAN	arctan
CEIL	CEIL(X) は X 以上の最小の整数を返す．
COS	cos
COT	cot
CRC32*	巡回冗長検査値を計算し，32 ビットの符号なしの値を返す．
DEGREES*	DEGREES(X) は X をラジアンから度に変換して返す．
DIV	X DIV Y は X/Y の商を返す．MySQL では，たとえ X と Y が整数でも，X/Y は商ではない．
EXP	exp
FLOOR	FLOOR(X) は X 以下の最大の整数を返す．
GREATEST*	GREATEST(X,Y,....) は引数のうち最大ものを返す．
LEAST*	LEAST(X,Y,....) は引数のうち最小のものを返す．
LN	ln
LOG*	LOG(B,X) は B を底とする X の対数を返す．
MOD	MOD(N,M)=N % M は N を M で割った余りを返す．
PI*	PI() は π の近似値を返す．
POWER	POWER(X,Y) は x の y 乗を返す．
RADIANS*	RADIANS(X) は X を度からラジアンに変換して返す．
RAND*	RAND() は 0 以上 1 未満の乱数を返す．
ROUND	ROUND(X) は X に最も近い整数を返す．
SIGN	SIGN(X) は X が負なら-1，0 なら 0，正なら 1 を返す．
SIN	sin
SQRT	平方根
TAN	tan
TRUNCATE*	TRUNCATE(X,D) は X の小数点以下 (D+1) 桁以降を切り捨てて返す．

表 7.11 日付と時刻関数（標準的ではないものには「*」が付いています）

ADDDATE*	ADDDATE('1976-01-05 01:00:00',INTERVAL 200 DAY) は , 1976-07-23 01:00:00 を返す．DAY の部分には，YEAR,MONTH,HOUR,MINUTE,SECOND などを指定できる．
CURRENT_DATE*	CURRENT_DATE, CURRENT_DATE(), CURDATE() は，現在の日付を返す．
CURRENT_TIME	CURRENT_TIME, CURRENT_TIME(), CURTIME() は，現在の時刻を返す．
CURRENT_TIMESTAMP	CURRENT_TIMESTAMP, CURRENT_TIMESTAMP(), NOW() は，現在の TIMESTAMP を返す．
DATEDIFF*	DATEDIFF('1997-12-31 23:59:59','1997-12-30') は，1（引数の間の日数）を返す．
EXTRACT	EXTRACT(YEAR FROM '1976-01-05 01:00:00') は，1976 を返す．YEAR の部分には，MONTH, DAY, HOUR, MINUTE, SECOND などを指定できる．
TIMEDIFF	TIMEDIFF(expr,expr2) は，expr2 から expr までの時間（H:M:S）を返す．

表 7.12 標準的な集約関数

AVG	AVG(expr) は expr の平均を返す．
COUNT	COUNT(*) は該当レコード数を返す．COUNT(expr) は expr のうちで，NULL でないものの数を返す．COUNT(DISTINCT expr, [expr...]) は expr のうちで，NULL と重複を除いた数を返す．
MAX	MAX(expr) は expr の最大値を返す．
MIN	MIN(expr) は expr の最小値を返す．
標準偏差	STDDEV_POP(expr)=STDDEV(expr) は母集団標準偏差を，STDDEV_SAMP(expr) は標本標準偏差を返す．
SUM	SUM(expr) は expr の和を返す．
分散	VAR_POP(expr) は母集団分散，VAR_SAMP(expr) は標本分散を返す．

表 7.13 その他の関数（すべて標準的ではありません）

ビット演算*	AND「&」，OR「|」，XOR「^」,NOT「~」,左シフト「<<」,右シフト「>>」,BIT_COUNT
MD5*	MD5(str) は str の MD5 値を返す．
SHA1*	SHA1(str) は str の SHA1 値を返す．
FORMAT*	FORMAT(X,D) は X を「#,###,###.##」の形式の文字列に変換する．小数点以下 (D+1) 桁は四捨五入する．FORMAT(1234.5678, 3) の結果は 1,234.568 になる．

COLUMN 📖 **MySQL についての資料**

MySQL のリファレンスマニュアルは http://dev.mysql.com/doc/ で公開されています．MySQL についてわからないことがあったら，まず，このリファレンスマニュアルを参照してください．書籍では，鈴木啓修『MySQL 全機能バイブル』（技術評論社，2009）がよくまとまっていて便利です．

MySQL はストアドルーチンやトリガをサポートしています．ストアドルーチンは，RDBMS 上で複雑な処理をしたいときに用いるもので，Java や PHP のような，汎用プログラミング言語で処理するよりも，データベースだけで処理した方が早く終わることが期待できるときに利用します．トリガは，テーブルで発生するイベントに合わせて何らかの処理を自動実行させたいときに利用します．これらの仕様は RDBMS ごとに異なっているので，MySQL のためのものは他の RDBMS では使えないことに注意してください．ストアドルーチンやトリガの詳細は，リファレンスマニュアルや Dubois. $MySQL\ Cookbook.$（O'Reilly & Associates, Inc., 2006）を参照してください．

CHAPTER 8

データベースを利用するウェブアプリ

本章では，ウェブアプリでデータベースを利用する方法を学びます．まず Java（サーブレットや JSP）や PHP から MySQL にアクセスする方法を紹介し，その後で応用例として，メッセージを投稿するシステムを作成します．

図 8.1 本章で学ぶこと：ウェブアプリでデータベースを利用する方法

8.1 データベースへのアクセス権

ウェブアプリで MySQL のデータベースを利用する際には，そのデータベースへのアクセス権が必要です．7.1 節で述べたように，アクセス管理は DBMS の重要な機能の一つです．本節では，MySQL におけるアクセス権の設定方法を確認します．

8.1.1 アクセス権の設定

MySQL におけるアクセス権限は，権限をもつユーザを作成することで設定します（この MySQL のユーザは OS のユーザとは別のものです）．たとえば，あるテーブルに対して「SELECT を実行することができる」というアクセス権限を設定したいときには，「そのテーブルに対して SELECT を行うことのできるユーザ」を作ります．そのユーザとして対象のテーブルを利用する際には，SELECT を実行することができるのです．つまり，そのアプリケーションは，特定のデータベースにしかアクセスできないユーザとして MySQL を操作するのです．何でもできる管理者（root）として MySQL を操作することはないようにしましょう．

権限をもつユーザは次のような GRANT 文で作成します．

```
GRANT アクセス権
ON 対象となるデータベース.テーブル
TO ユーザ名@接続元
IDENTIFIED BY パスワード
```

データベース mydb の任意のテーブル（*）に対して[1]，localhost からアクセスしたユーザ（ユーザ名: test，パスワード: pass）がすべて（ALL）の権限をもつように設定する GRANT 文は以下のとおりです．アプリケーションから DBMS を操作する場合には，最低限この設定だけはするようにしてください．

```
GRANT ALL ON mydb.* TO test@localhost IDENTIFIED BY 'pass';
```

アクセス権はもっと細かく設定することもできます．次の例では，INSERT と SELECT，UPDATE，DELETE だけのアクセス権を与えています．データベースにアクセスするアプリケーション（が利用するユーザ）には，基本的にはこの程度のアクセス権限で十分でしょう．

```
GRANT INSERT,SELECT,UPDATE,DELETE ON mydb.* TO test@localhost
IDENTIFIED BY 'pass';
```

権限を削除するには REVOKE 文を使います．

```
REVOKE アクセス権
ON 対象となるデータベース.テーブル
FROM ユーザ名@接続元;
```

8.1.2 アクセス権の重要性

アクセス権限の設定はとても重要です．もしウェブアプリにセキュリティ上の欠陥があったとしても，アクセス権が必要最小限になっていれば，システムへの被害を最小限にすることができます．逆に，ウェブアプリが管理者として RDBMS にアクセスするようにしていると，その脆弱性をつかれたときに，データベースの全データにアクセスされてしまいます．

ですから，ウェブアプリから MySQL にアクセスする際には，専用のユーザを作成し，そのユーザとしてアクセスするようにしてください．

8.2 データベースの利用

Java や PHP などのプログラミング言語でデータベースを利用する基本的な手続きは次のようなものです．

1. データベースへの接続
2. SQL 文の作成
3. SQL 文の実行
4. （検索の場合は）検索結果の処理
5. データベースからの切断

---

[1] テーブル名を明示すれば，テーブル単位でアクセス権を設定できます．

8.2 データベースへの利用

7.3 節で作成したテーブル message にフォームを使ってメッセージを送信すると，それがデータベースに登録されるようなウェブアプリを例に，Java や PHP からデータベースを利用する方法を紹介します．

8.2.1 メッセージを送信するフォーム

メッセージを送信するためのフォームは次のようになります．データの送信先（form 要素の action 属性）は空文字列としておいて，このフォームを実装する JSP あるいは PHP ファイルとしましょう[2]．サーバ上でリソースを生成したいので，HTTP メソッド（form 要素の method 属性で指定）は POST を使います[3]．

```html
<!DOCTYPE html PUBLIC "-//W3C//DTD XHTML 1.0 Strict//EN"
  "http://www.w3.org/TR/xhtml1/DTD/xhtml1-strict.dtd">
<html xmlns="http://www.w3.org/1999/xhtml">
  <head>
    <meta http-equiv="Content-Type" content="text/html; charset=UTF-8" />
    <title>メッセージ登録フォーム</title>
  </head>
  <body>
    <h1>メッセージ登録フォーム</h1>
    <form action="" method="post">
      <dl>
        <dt>名前</dt>
        <dd><input type="text" name="username" /></dd>
        <dt>メッセージ</dt>
        <dd><textarea name="message" rows="3" cols="30"></textarea></dd>
      </dl>
      <p><input type="submit" value="送信" /></p>
    </form>
  </body>
</html>
```

8.2.2 Java からデータベースへのアクセス

Java でデータベースを利用する方法は，JDBC（Java DataBase Connectivity）として規格化されています．これは単なる規格であるため，実際に Java から MySQL を利用する際には，MySQL のための JDBC の実装，MySQL Connector/J を使います．

NetBeans では，プロジェクトのプロパティ→ライブラリ→ライブラリの追加で「MySQL JDBC ドライバ」を追加します（図 8.2）．

Eclipse では，Eclipse のインストール先（Ubuntu なら /glassfishBundle，Windows

---

[2] これは一つの実装例であり，他のサーブレットや JSP，PHP ファイルにメッセージを送信してもかまいません．

[3] フォームで実現できる HTTP メソッドは，GET と POST だけなので，それ以外の HTTP メソッドを使いたい場合には，JavaScript を使うといいでしょう（jQuery なら .ajax() を呼び出すときに type を指定します）．<input type="hidden" name="_method" value="PUT" /> のような要素や X-HTTP-Method-Override というリクエストヘッダを使って HTTP メソッドを指示する方法もあります（サーバ側での対応が必要です）．

第8章　データベースを利用するウェブアプリ

図8.2　MySQL JDBCドライバの登録（NetBeans）

なら C:\GlassFish-Tools-Bundle-For-Eclipse-バージョン番号，Macなら/Applications/GlassFish-Tools-Bundle-For-Eclipse-バージョン番号.app/Contents/MacOS/mysql-driver）のディレクトリ mysql-driver にある JAR ファイルを，p.86 の方法で登録します．

JSP（messageform.jsp）を新たに作成し，メッセージを登録する処理を実装します．この JSP の枠組みは，次のようになります．

```
<%@page contentType="text/html" pageEncoding="UTF-8"%>
<%@page import="java.sql.*"%>
<%
    //①送信データの取得

    //送信データがあるなら
        //②データベースへの接続

        //③ SQL 文の作成

        //④ SQL 文の実行

        //⑤データベースからの切断
%>
メッセージを送信するフォーム
```

▶ ①送信データの取得

データベースに接続する前に，フォームから送信されたデータを取得しておきます（6.3.1 項を参照）．

```
request.setCharacterEncoding("UTF-8");
String username = request.getParameter("username");
String message = request.getParameter("message");
```

▶ ②データベースへの接続

データベースに接続するためのコードは以下のようになります（ここでは，データベー

ス名は"mydb"，ユーザ名は"test"，パスワードは"pass"です）．

```
Class.forName("com.mysql.jdbc.Driver").newInstance();
String url = "jdbc:mysql://localhost/データベース名?characterEncoding=UTF-8";
Connection conn = DriverManager.getConnection(url, ユーザ名, パスワード);
```

▶ ③ SQL 文の作成

SQL 文は，プログラムの実行時に決まる部分を「?」としたひな形をまず作り，「?」の部分に値をセットすることで作成します．PreparedStatement オブジェクトにはそのためのメソッド（setString() や setInt()）が用意されています．

```
PreparedStatement pstmt = conn.prepareStatement(
        "INSERT INTO message (name,body) VALUES (?,?)");
pstmt.setString(1, username); //1番目の「?」にusernameの値をセット
pstmt.setString(2, message);  //2番目の「?」にmessageの値をセット
```

▶ ④ SQL 文の実行

データベースを更新するような SQL 文（INSERT 文と UPDATE 文，DELETE 文）は，次のように実行します[4]．

```
pstmt.executeUpdate();
```

演習：messageform.jsp を実装し，動作を確認してください．

結果が返る SQL 文（SELECT 文）は次のように実行し，結果を変数に格納します．

```
ResultSet rs = stmt.executeQuery();
```

▶ ⑤ データベースからの切断

データベースの利用が終わったら，以下のように接続を閉じます[5]．

```
rs.close();
pstmt.close();
conn.close();
```

---

[4] プログラムの実行時に決まる部分がないなら，次のように SQL を実行してもかまいません．
　　Statement stmt = conn.createStatement();
　　stmt.executeUpdate(SQL文); // 結果が返らない場合
　　ResultSet rs = stmt.executeQuery(SQL文); // 結果が返る場合

[5] 接続はいずれ自動的に閉じられますが，それがいつになるかはわからないので，このように明示的に接続を閉じます．データベースの利用中に例外が発生しても，開いた接続が確実に閉じられるようにするために，接続を閉じるコードは finally ブロックに記述するべきなのですが，本書ではコードをシンプルにするために，そのような記述はしていません．

▶ メッセージの一覧表示

メッセージを一覧表示するための JSP（messageviewer.jsp）を作成します．データベースの検索結果の処理方法を確認してください．

```jsp
<%@page contentType="text/html" pageEncoding="UTF-8"%>
<%@page import="org.apache.commons.lang.*"%>
<%@page import="java.sql.*"%>
<!DOCTYPE html PUBLIC "-//W3C//DTD XHTML 1.0 Strict//EN"
  "http://www.w3.org/TR/xhtml1/DTD/xhtml1-strict.dtd">
<html xmlns="http://www.w3.org/1999/xhtml">
  <head>
    <meta http-equiv="Content-Type" content="text/html; charset=UTF-8" />
    <title>メッセージ一覧</title>
  </head>
  <body>
    <dl>
      <%
        //データベースに接続
        Class.forName("com.mysql.jdbc.Driver").newInstance();
        String url = "jdbc:mysql://localhost/mydb?characterEncoding=UTF-8";
        Connection conn = DriverManager.getConnection(url, "test", "pass");

        //データベースのデータを取得
        PreparedStatement stmt = conn.prepareStatement(
                "SELECT name,body FROM message ORDER BY id DESC");
        ResultSet rs = stmt.executeQuery();

        //結果を1件ずつ表示する
        out.println("");
        while (rs.next()) {
          //結果を取り出す
          String name = rs.getString("name");
          String body = rs.getString("body");

          //サニタイジング
          name = StringEscapeUtils.escapeXml(name);
          body = StringEscapeUtils.escapeXml(body);
          out.println("<dt>" + name + "</dt>");
          out.println("<dd>" + body.replaceAll("\\n", "<br />") + "</dd>");
        }

        //データベースから切断
        rs.close();
        stmt.close();
        conn.close();
      %>
    </dl>
  </body>
</html>
```

結果を格納する ResultSet オブジェクトには，結果から文字列を取得するメソッド getString() や，整数を取得するメソッド getInt()[6] などが用意されています．これら

---

6) データが NULL のとき，メソッド getInt() の結果は 0 になるので注意してください．

のメソッドを使って結果を取得し，Java のプログラム中で利用します．識別子の部分には結果のカラムの番号を使うこともできます（1 番目のカラムを文字列として取得するなら `rs.getString(1)`）．

ここでは，データベースから取得した結果をサニタイズして出力しています．細かいことですが，`textarea` 要素では改行を使うことができますが，改行を含む文字列をそのまま出力しても HTML 文書内では改行になりません．そのため，メソッド `replaceAll()` を使って改行文字（`\n`）を`<br />`に置き換えています．

演習：`messageviewer.jsp` に GET でアクセスし，正しく動作することを確認してください．

8.2.3 PHP からデータベースへのアクセス

PHP から MySQL データベースへのアクセスには，PEAR DB や PEAR MDB，PEAR MDB2，MySQL 拡張モジュール，MySQLi，PDO（PHP Data Objects）など，たくさんの方法が用意されており，これらはあまり整理されていません．本書では，PHP 5.1 以降なら利用できる PDO[7]を利用します．Mac では，バージョンによって設定方法が変わる可能性があるので，サポートサイトを参照して下さい．

`messageform.php` を新たに作成し，メッセージを登録する処理を実装します．このファイルの枠組みは，次のようになります．

```
<?php
//送信データがあるなら
    //①送信データの取得

    //②データベースへの接続

    //③ SQL 文の作成

    //④ SQL 文の実行
?>
メッセージを送信するフォーム
```

▶ ①送信データの取得

データベースに接続する前に，フォームから送信されたデータを取得しておきます（6.3.2 項を参照）．

```
if (isset($_POST['username'], $_POST['message'])) {
  $username = $_POST['username'];
  $message = $_POST['message'];
```

---

7) PDO はドライバを入れ替えることで，簡単に RDBMS を切り替えられるようになっています．PDO の詳細については http://jp.php.net/manual/ja/book.pdo.php を参照してください．一部のレンタルサーバなど，PDO を利用できない環境では，MySQLi など別の方法を検討してください．

②データベースへの接続

データベースに接続するためのコードは以下のようになります（ここでは，データベース名は "mydb"，ユーザ名は "test"，パスワードは "pass" です）[8]．

```
$db = new PDO('mysql:host=localhost;dbname=mydb', 'test', 'pass',
              array(PDO::MYSQL_ATTR_INIT_COMMAND => 'SET NAMES utf8'));
```

③ SQL 文の作成

SQL 文は，実行時に実行時に決まる部分を「?」としたひな形として作ります[9]．

```
$stmt = $db->prepare('INSERT INTO message (name,body) VALUES (?,?)');
```

④ SQL 文の実行

実行時に，先に作成した SQL のひな形の「?」の部分に値をセットします．

データベースを更新するような SQL 文（INSERT 文と UPDATE 文，DELETE 文）は，次のように実行します．SQL のひな形の二つの「?」の部分に，変数$usernameと$messageの値をセットしています．

```
$stmt->execute(array($username, $message));
```

演習：messageform.php を実装し，動作を確認してください．

▶ メッセージの一覧表示

メッセージを一覧表示するための messageviewer.php を作成します．データベースの検索結果の処理方法を確認してください．

```
<!DOCTYPE html PUBLIC "-//W3C//DTD XHTML 1.0 Strict//EN"
  "http://www.w3.org/TR/xhtml1/DTD/xhtml1-strict.dtd">
<html xmlns="http://www.w3.org/1999/xhtml">
  <head>
    <meta http-equiv="Content-Type" content="text/html; charset=UTF-8" />
    <title>メッセージ一覧</title>
  </head>
  <body>
    <h1>メッセージ一覧</h1>
    <dl>
      <?php
      //データベースに接続
```

---

[8] 文字コードをデータベースへの接続時に設定する機能が，本書執筆時点には用意されていなかったため，接続後に設定しています．

[9] プログラムの実行時に決まる部分がないなら，$db->exec()（結果が返らない場合）や$db->query()（結果が返る場合）を使ってもかまいません．詳細はリファレンスマニュアルを参照してください．

8.2 データベースへの利用

```
$db = new PDO('mysql:host=localhost;dbname=mydb', 'test', 'pass',
              array(PDO::MYSQL_ATTR_INIT_COMMAND => 'SET NAMES utf8'));

//データベースのデータを取得
$stmt = $db->prepare('SELECT name,body FROM message ORDER BY id DESC');
$stmt->execute();

//結果を1件ずつ処理する
while ($row = $stmt->fetch()) {
  $name = htmlspecialchars($row['name'], ENT_QUOTES, 'UTF-8');
  $body = htmlspecialchars($row['body'], ENT_QUOTES, 'UTF-8');
  $body = str_replace("\n", '<br />', $body);
  echo "<dt>$name</dt>";
  echo "<dd>$body</dd>";
}
?>
    </dl>
  </body>
</html>
```

　検索結果はメソッド fetch() を使って取得します．取得した結果は連想配列であり，カラム名か番号で取得できます（ここで示している例では，カラム名を使っています）．

　ここでは，データベースから取得した値をサニタイズして出力しています．細かいことですが，textarea 要素では改行を使うことができますが，改行を含む文字列をそのまま出力しても HTML 文書内では改行になりません．そのため，関数 str_replace() を使って改行文字（\n）を
 に置き換えています[10]．

演習： 上記の messageviewer.php を実行し，正しく動作することを確認してください．

COLUMN　AUTO_INCREMENT 値の取得

　AUTO_INCREMENT のカラムをもつテーブルに，そのカラムの値を指定せずに INSERT すると，自動的に番号が振られます．

　Java でその番号を取得するには次のようにします．

```
PreparedStatement pstmt = conn.prepareStatement(
      SQL 文のひな形, PreparedStatement.RETURN_GENERATED_KEYS);
...
ResultSet rs = pstmt.getGeneratedKeys();
if (rs.next()) {
  int id = rs.getInt(1);
  System.out.println("新しい ID: "+id);
}
```

　PHP でその番号を取得するには「$id = $db->lastInsertId();」とします．

演習　自動生成された番号を実際に取得できることを確認してください．

---

[10]　改行文字を
 に置き換えるための関数 nl2br() を使うこともできます．

8.3 ユーザ認証

本節は初読時には飛ばしてもかまいません

8.2 節で作成したウェブアプリは，誰でもメッセージを登録できるものでした．本節では，ユーザ認証を導入して，登録された特定の人しかメッセージを登録できないようにします．

8.3.1 ユーザ管理テーブル

ユーザを管理するテーブルを作成し，ユーザ "taro"（パスワードは "pass"）を登録します[11]．

```
mysql> CREATE TABLE user(
    ->    id int AUTO_INCREMENT PRIMARY KEY,
    ->    username VARCHAR(20) NOT NULL,
    ->    password CHAR(40) NOT NULL,
    ->    UNIQUE (username)
    -> );
Query OK, 0 rows affected (0.11 sec)

mysql> INSERT INTO user (username,password) VALUES ('taro',SHA1('pass'));
Query OK, 1 row affected (0.06 sec)

mysql> SELECT * FROM user;
+----+----------+------------------------------------------+
| id | username | password                                 |
+----+----------+------------------------------------------+
|  1 | taro     | 9d4e1e23bd5b727046a9e3b4b7db57bd8d6ee684 |
+----+----------+------------------------------------------+
1 row in set (0.02 sec)
```

パスワードをそのまま登録するのではなく，関数 SHA1() の結果（ハッシュ値）を登録していることに注意してください．関数 SHA1() の値からもとのパスワードを求めるのは難しいので，このようにしておけば，たとえデータベースの内容が漏洩しても，パスワードの漏洩は避けられます（パスワードが簡単だと，ハッシュ値がインターネットで見つかってしまいますが）．

演習：データベースにユーザを登録するための signup.jsp や signup.php を作成してください．

8.3.2 ログイン

図 8.3 のようなシステムを作ります．このシステムの動作は，次のようになります

▶ login.jsp や login.php

1. ユーザがログインフォームにユーザ名とパスワードを入力する．
2. ユーザ名とパスワードをデータベースに問い合わせる．
3. ユーザが登録されていれば，セッションにユーザ名を登録する．

---

[11] ユーザ管理をしたくない場合は，OpenID や OAuth などのウェブ上で提供されている認証方法を検討するといいでしょう．

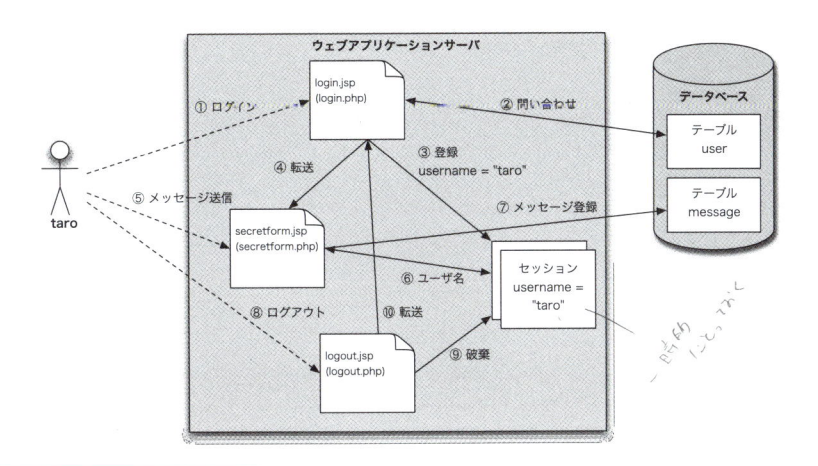

図 8.3　メッセージを登録するウェブアプリの動作

4. ログインに成功したら，メッセージ登録のためのフォーム（`secretform.jsp`や`secretform.php`）に転送（リダイレクト）する[12]．

▶ `secretform.jsp`や`secretform.php`

5. ユーザがメッセージを送信する．
6. セッションからユーザ名を取り出す（無い場合は`login.jsp`や`login.php`に転送（リダイレクト）する）．
7. メッセージが送信されていれば，それをデータベースに登録する．

▶ `logout.jsp`や`logout.php`

8. ユーザがログアウトしようとする．
9. セッションを破棄する．
10. ログインフォーム（`login.jsp`や`login.php`）に転送（リダイレクト）する．

▶ **ログインフォーム**

以下のようなログインフォームを使います[13]．

```
<!DOCTYPE html PUBLIC "-//W3C//DTD XHTML 1.0 Strict//EN"
  "http://www.w3.org/TR/xhtml1/DTD/xhtml1-strict.dtd">
<html xmlns="http://www.w3.org/1999/xhtml">
  <head>
    <meta http-equiv="Content-Type" content="text/html; charset=UTF-8" />
    <title>ログイン</title>
  </head>
  <body>
    <h1>ログイン</h1>
```

---

[12] ログインに成功したときにセッションを作り直したり，セッションIDを再生成することによって，セッションアダプションとよばれるセッション固定攻撃につながる脆弱性をなくします．

[13] このフォームはパスワードを暗号化せずに送信するものなので安全ではありません．実運用時には，DIGEST認証やHTTPS通信のような，より安全な方法を検討してください．

```
    <form action="" method="post">
      <dl>
        <dt>ユーザ名</dt><dd><input type="text" name="username" /></dd>
        <dt>パスワード</dt><dd><input type="password" name="password" /></dd>
      </dl>
      <p><input type="submit" value="ログイン" /></p>
    </form>
  </body>
</html>
```

▶ Java でのログイン処理

ログインのための JSP は次のようになります．ログインに成功したら，secretform.jsp に転送（リダイレクト）します．

```
<%@page contentType="text/html" pageEncoding="UTF-8"%>
<%@page import="java.sql.*"%>
<%
    String username = request.getParameter("username");
    String password = request.getParameter("password");

    //データベースに接続して検索
    if (username != null && password != null) {
      Class.forName("com.mysql.jdbc.Driver").newInstance();
      String url = "jdbc:mysql://localhost/mydb?characterEncoding=UTF-8";
      Connection conn = DriverManager.getConnection(url, "test", "pass");
      PreparedStatement pstmt = conn.prepareStatement(
              "SELECT * FROM user WHERE username=? AND password=SHA1(?)");
      pstmt.setString(1, username);
      pstmt.setString(2, password);
      ResultSet rs = pstmt.executeQuery();

      //ログイン成功なら
      if (rs.next()) {
        //セッションを再生成．セッションにユーザ名を登録して転送
        session.invalidate();
        session = request.getSession();
        session.setAttribute("username", username);
        response.sendRedirect("secretform.jsp");
      }
      pstmt.close();
      conn.close();
    }
%>
ログインフォーム（省略）
```

▶ PHP でのログイン処理

ログインのための PHP ファイルは次のようになります．ログインに成功したら，secretform.php に転送（リダイレクト）します．

```
<?php
//送信データがあるなら
if (isset($_POST['username']) && isset($_POST['password'])) {
```

```php
$username = $_POST['username'];
$password = $_POST['password'];

//データベースに接続して検索
$db = new PDO('mysql:host=localhost;dbname=mydb', 'test', 'pass',
              array(PDO::MYSQL_ATTR_INIT_COMMAND => 'SET NAMES utf8'));
$stmt = $db->prepare(
              'SELECT username FROM user WHERE username=? AND password=SHA1(?)');
$stmt->execute(array($username, $password));

//ログイン成功なら
while ($row = $stmt->fetch(PDO::FETCH_ASSOC)) {
  //セッションIDを再生成し，セッションにユーザ名を登録して転送
  session_start();
  session_regenerate_id();
  $_SESSION['username'] = $username;
  header("Location: secretform.php");
}
}
?>
ログインフォーム（省略）
```

演習： ログインに失敗した場合にはそのことをユーザに伝えるように，`login.jsp` や `login.php` を改良してください．ユーザへのメッセージはあまり詳しくしないように注意してください（「パスワードが違います」というメッセージは，ユーザ名は合っていることを伝えています）．

8.3.3　認証の必要なページ

▶ 認証が必要な JSP

ログインに成功している場合のみ，フォームを表示し，メッセージを登録できるJSP（`secretform.jsp`）は次のようになります．

```jsp
<%@page contentType="text/html" pageEncoding="UTF-8"%>
<%@page import="java.sql.*"%>
<%
    //セッションから username を取り出す．無かったらログイン画面へ転送（リダイレクト）
    String username = (String) session.getAttribute("username");
    if (username == null) {
      response.sendRedirect("login.jsp");
    }
    //送信データがあるなら，データベースに接続して登録
    request.setCharacterEncoding("UTF-8");
    String message = request.getParameter("message");
    if (message != null) {
      Class.forName("com.mysql.jdbc.Driver").newInstance();
      String url = "jdbc:mysql://localhost/mydb?characterEncoding=UTF-8";
      Connection conn = DriverManager.getConnection(url, "test", "pass");

      PreparedStatement pstmt = conn.prepareStatement(
              "INSERT INTO message (name,body) VALUES (?,?)");
      pstmt.setString(1, username);
      pstmt.setString(2, message);
      pstmt.executeUpdate();
```

```
        pstmt.close();
        conn.close();
    }
%>
フォーム
```

ログインに成功していれば，セッションにユーザ名が登録されているはずなので，まずそれを調べます．登録されていない場合には，`login.jsp`に転送（リダイレクト）します．

▶ 認証が必要なPHP

ログインに成功している場合のみ，フォームを表示し，メッセージを登録できる`secretform.php`は次のようになります．

```
<?php
//セッションからusernameを取り出す．無かったらログイン画面へ転送（リダイレクト）
session_start();
if (!isset($_SESSION['username'])) {
  header('Location: login.php');
  exit;
}
$username = $_SESSION['username'];

//送信データがあるなら，データベースに登録
if (isset($_POST['message'])) {
  $db = new PDO('mysql:host=localhost;dbname=mydb', 'test', 'pass');
  $db->exec("SET NAMES utf8");
  $stmt = $db->prepare('INSERT INTO message (name,body) VALUES (?,?)');
  $stmt->execute(array($username, $_POST['message']));
}
?>
フォーム
```

ログインに成功していれば，セッションにユーザ名が登録されているはずなので，まずそれを調べます．登録されていない場合には，`login.php`に転送（リダイレクト）します．

■ 8.3.4 ログアウト

ログアウトするためのページを作ります．このページは，セッションを破棄し，ログインフォーム（`login.jsp`や`login.php`）に転送（リダイレクト）します．

▶ Javaでのログアウト処理

以下のような`logout.jsp`を作成します．

```
<%@page contentType="text/html" pageEncoding="UTF-8"%>
<%
    //セッションを破棄して転送（リダイレクト）
    session.invalidate();
    response.sendRedirect("login.jsp");
%>
```

▶ PHP でのログアウト処理

以下のような `logout.php` を作成します．

```
<?php
//セッションを破棄して転送（リダイレクト）
session_start();
session_destroy();
header('Location: login.php');
```

8.4 ウェブアプリのセキュリティ

本節は初読時には飛ばしてもかまいません

本章で作成したメッセージ登録システムを題材に，ウェブアプリによくある三つの攻撃，スクリプト挿入攻撃と SQL インジェクション，クロスサイトリクエストフォージェリについて説明します[14]．

8.4.1 スクリプト挿入攻撃

メッセージの一覧表示時（`messageviewer.jsp` や `messageviewer.php`）に，文字列をサニタイズしていなかったとしましょう．そうすると，「`<scripttype="text/javascript">console.log(document.cookie)</script>`」というメッセージで，クッキーにアクセスされてしまいます．このスクリプトは Firebug のコンソールにクッキーの値を表示させるだけなので実害はありませんが，この値を別のウェブサイトに送信されてしまうと，そのクッキーを使って，メッセージを登録されてしまいます．

このように，ウェブサイト上で，閲覧者の意図しないスクリプトを実行させるのがスクリプト挿入攻撃，サイトをまたいでスクリプト挿入攻撃を行うのがクロスサイトスクリプティング（Cross Site Scripting, XSS）です（XSS と総称されることが多いです）．

この問題を回避するためには，HTML として出力する文字列をすべてサニタイズしなければなりません．サニタイジングは，6.3 節で紹介したもののほかに，`a` 要素の `href` 属性や `img` 要素や `script` 要素の `src` 属性のように URL を記述する場所でも必要です．URL が `http://` や `https://` で始まっていて，`javascript` で始まっていないことや，URL に直接書けない文字のサニタイジングを忘れないでください（Java では `URLEncoder.encode(文字列, "UTF-8");` を，PHP では `urlencode(文字列)` を使います）．

8.4.2 SQL インジェクション

ログイン時（`login.jsp` や `login.php`）に，以下のようにして，文字列の連結によって SELECT 文を作成していたとしましょう．

```
//Java の場合
PreparedStatement pstmt = conn.prepareStatement(
    "SELECT * FROM user WHERE username=" + username +
    " AND password=SHA1(" + password + ")");
```

---

[14] このほかに悪意のある攻撃者が用意したセッションを強制的に利用させられるセッション固定攻撃への対策を，8.3.2 項のログイン処理で行っています．

```
//PHP の場合
$stmt = $db->prepare(
            'SELECT username FROM user WHERE username=' . username .
            ' AND password=SHA1(' . password . ')');
```

　ここで，usernameの値を「' OR 1 -- 」としてログインを試みられると，不正にログインされてしまいます．作成されるSELECT文が「SELECT username FROM user WHERE username='' OR 1 -- 以下はコメント」という，常に結果を返すものになってしまうからです．
　このように，不正なSQL文を生成するようなデータでデータベースを不正に操作されるのが，SQLインジェクションです．
　この問題を回避するためには，本文で紹介したように，ユーザからの入力を使ってSQL文を作成する場合には，まず「?」としてSQL文の形を確定し，その後で入力された値をセットしなければなりません（プリペアードステートメントとよばれる手法です．本書のコードはすべてそうなっています）．

8.4.3 クロスサイトリクエストフォージェリ

　本章で作成したメッセージ登録システムが，POSTではなくGETでメッセージを登録するものだったとしましょう．この場合，本システムとは無関係などこかのウェブページに「<img src="http://localhost/phpweb/secretform.php?message=Hello"/>」という文字列を登録されると，そのページを見たユーザのウェブブラウザでGETメソッドが実行され，secretform.phpで"Hello"というメッセージが登録されてしまいます（localhostで動かしているうちは実害はないでしょう）．
　このように，あるサイトの閲覧者に別のサイトを操作させる攻撃が，クロスサイトリクエストフォージェリ（Cross Site Request Forgeries, CSRF）です．
　この問題を回避するためには，次のような対策を施すといいでしょう[15]．

1. フォームの生成時に推測しづらい文字列（ワンタイムトークン）を生成し，セッションに登録する．
2. ワンタイムトークンを値としてもつinput要素（type属性はhidden）をフォームに埋め込む．
3. フォームからデータが送信されたときに，フォームから送信されたトークンと，セッションに登録したトークンが同じであることを確認する．

　この手続きによって，登録されようとしているメッセージが，確かにフォームから送られたということを確認できます．

> **COLUMN　セキュリティに関する基本文献**
>
> 　ウェブアプリ作成において，セキュリティの問題を避けて通ることはできません．本書を読めば，最も多いセキュリティホールであるスクリプト挿入攻撃とSQLインジェクションへの基本的な対策はできますが，セキュリティに完璧ということはありません．情報処理推進機構が公開している『安全なウェブサイトの作り方』（改訂第6版，2012）や『安全なSQLの呼び出し方』（2010），徳丸浩『体系的に学ぶ安全なWebアプリケーションの作り方』（ソフトバンククリエイティブ，2011）などを参照してください．

---

[15] 某SNSサイトの「足あと」のように，この対策では対応できないCSRF脆弱性も存在します．

CHAPTER 9 ウェブアプリの実例

JSPあるいはPHPとMySQLが使えるようになれば，簡単なウェブアプリなら作ることができます．本章では，簡単なウェブアプリの例として郵便番号検索システムを作成します．応用例として，郵便番号検索システムとGoogle MapsをJavaScriptを使ってマッシュアップします（図9.1）．

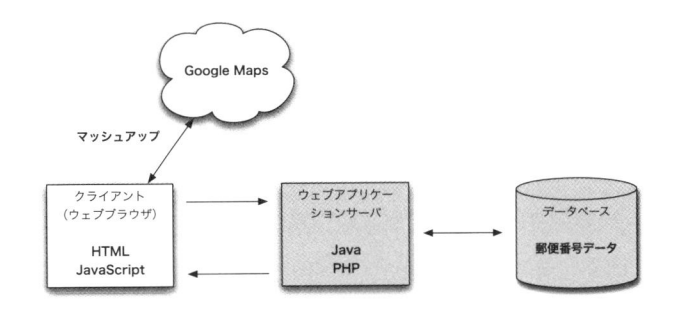

図 9.1　本章で学ぶこと：郵便番号検索システムの作成とGoogle Mapsとのマッシュアップ

まず，`http://localhost:8080/javaweb/zips.jsp?q=150` のようなURLで郵便番号を検索できるようにします．それができたら，フォームから検索できるように改良します．さらに応用例として，検索結果の住所に対応する地図（Google Map）を表示させたり，一文字入力するごとに結果が更新されるようなリアルタイム性を実現させたりしてみましょう．

9.1 郵便番号データベース

ウェブで公開されている郵便番号データを使って，郵便番号データベースを作成します．

9.1.1 データの準備

日本の郵便番号のデータは，ゆうびんホームページ[1]からダウンロードできます．ここで，「住所の郵便番号—読み仮名データの促音・拗音を小書きで表記しないもの」の全国一括 (`ken_all.lzh`) と「事業所の個別郵便番号」の最新全データ (`jigyosyo.lzh`) をダウンロードします．

ダウンロードしたファイルを展開してできるCSVファイル (`ken_all.csv`) の文字コードはShift_JIS，改行コードはCR+LFです．MySQLにインポートするためには，文字コードはUTF-8N（BOMなしのUTF-8），改行コードはLFでなければならないため，こ

---

[1] http://www.post.japanpost.jp/zipcode/download.html

れらを変換します．新しいファイル名は ken_all_utf8.csv とします[2]．

Ubuntu では，以下のようなコマンドで実現できます（まず「sudo apt-get install lha nkf」として，lha と nkf をインストールしてください．テキストエディタで作業してもかまいません）．

```
lha x ken_all.lzh
nkf -Lu -w ken_all.csv > ken_all_utf8.csv
head ken_all_utf8.csv
```

ファイルの先頭数行を表示するコマンド head の結果がコンソールで読めれば成功です．

Windows や Mac では適当なテキストエディタで開いて，文字コードを UTF-8N，改行コードを LF にして保存してください（Windows のメモ帳では UTF-8N のファイルを作ることはできないので，秀丸や TeraPad, EmEditor, xyzzy などを使ってください．Mac では CotEditor を使うといいでしょう）．

拡張子からもわかるように，これらは CSV 形式，つまりフィールドがコンマで区切られたファイルです（テキストエディタで開いて確認できます）．いま必要なフィールドは表 9.1 のとおりです（フィールドの定義はゆうびんホームページにあります）．たとえば，住所の郵便番号ファイルの 7 番目と大口事業所等個別番号ファイルの 4 番目のフィールドは「都道府県名」です．

表 9.1 郵便番号データの要素

カラム名	住所の郵便番号		大口事業所等個別番号	
	順番	内容	順番	内容
jis	1	全国地方公共団体コード	1	大口事業所等の所在地の JIS コード
oldcode	2	(旧) 郵便番号 (5 桁)	9	現行郵便番号
code	3	郵便番号 (7 桁)	8	大口事業所等個別番号
address1ruby	4	都道府県名（カナ）		
address2ruby	5	市区町村名（カナ）		
address3ruby	6	町域名（カナ）		
address1	7	都道府県名	4	都道府県名
address2	8	市区町村名	5	市区町村名
address3	9	町域名	6	町域名
address4			7	小字名，丁目，番地等
officeruby			2	大口事業所等名（カナ）
office			3	大口事業所等名（漢字）

9.1.2 データのインポート

データベース mydb に次のようなテーブルを作成します．

```
CREATE TABLE zip(
  id INT AUTO_INCREMENT PRIMARY KEY,
  jis CHAR(10) DEFAULT '' NOT NULL,
```

---

[2] BOM（Byte Order Mark）はファイルの先頭に付加される文字コード判別のためのデータです．

```
    oldcode CHAR(5) NOT NULL,
    code CHAR(7) NOT NULL,
    address1ruby VARCHAR(10) DEFAULT '' NOT NULL,
    address2ruby TEXT NOT NULL,
    address3ruby TEXT NOT NULL,
    address1 VARCHAR(10) DEFAULT '' NOT NULL,
    address2 TEXT NOT NULL,
    address3 TEXT NOT NULL,
    address4 TEXT NOT NULL,
    officeruby TEXT NOT NULL,
    office TEXT NOT NULL,
    KEY (code)
) DEFAULT CHARSET=utf8;
```

作成したテーブル zip にデータをインポートします．インポートは次のような SQL 文で行います[3]．MySQL への接続時に，「mysql --local-infile ...」としないと LOAD 文が使えない場合があるので注意してください．

```
LOAD DATA LOCAL INFILE "ファイル名" INTO TABLE テーブル名
FIELDS TERMINATED BY 'フィールドの区切り' ENCLOSED BY '引用符の指定'
(カラム名, [カラム名, ...]);
```

実際の LOAD 文は次のようになります（ファイルのパスは適当なものに置き換えてください）．

```
LOAD DATA LOCAL INFILE "/home/alice/ken_all_utf8.csv" INTO TABLE zip
FIELDS TERMINATED BY ',' ENCLOSED BY '"'
(jis,oldcode,code,address1ruby,address2ruby,address3ruby,address1,address2,address3);
```

正しく読み込めたかを確認する際に，安易に「SELECT * FROM zip;」などとしないように注意してください．14 万件以上のデータがありますから，表示に膨大な時間がかかってしまいます．LIMIT 節を使って，取得する行数を制限するといいでしょう[4]．

```
SELECT * FROM zip LIMIT 10;
```

演習：同様の作業をして，大口事業所等個別番号のデータもデータベースにインポートしてください．インポートのための LOAD 文は次のようになります．

```
LOAD DATA LOCAL INFILE "/home/alice/jigyosyo_utf8.csv" INTO TABLE zip
FIELDS TERMINATED BY ',' ENCLOSED BY '"'
(jis,officeruby,office,address1,address2,address3,address4,code,oldcode);
```

演習：インデックスの効果（7.9.2 項）を確かめてください．

---

3) 入力するデータが大量にあるときは，INSERT 文は遅いので，ここで紹介した LOAD 文を使います．
4) LIMIT 節は MySQL 独自のものです（範囲指定もできます）．

9.2 GETによる検索

`http://localhost:8080/javaweb/zips.jsp?q=150` あるいは `http://localhost/phpweb/zips.php?q=150` のような URL で郵便番号を検索できるようにします．zips.jsp や zips.php のタスクは次のとおりです．

1. クライアントから送信された郵便番号を取り出す．
2. データベースに接続する．
3. 郵便番号から住所を検索する．
4. 検索結果を表示する．

本節で作成する zips.jsp や zips.php が生成する HTML 文書は，妥当なものではありませんが，次節で完全な形にするので，ここでは気にせずに進んでください．

9.2.1 JSP での実装

JSP での実装は次のようになります．まず，q というパラメータ名で送信された郵便番号を取り出します．

```jsp
<%@page contentType="text/html" pageEncoding="UTF-8"%>
<%@page import="java.sql.*"%>
<%@page import="org.apache.commons.lang.*"%>
<%
    String q = request.getParameter("q");
```

データベースに接続します．

```jsp
    Class.forName("com.mysql.jdbc.Driver").newInstance();
    String url = "jdbc:mysql://localhost/mydb?characterEncoding=UTF-8";
    Connection conn = DriverManager.getConnection(url, "test", "pass");
```

郵便番号から住所を検索します．

```jsp
    PreparedStatement stmt = conn.prepareStatement(
        "SELECT * FROM zip WHERE code LIKE ? ORDER BY code");
    stmt.setString(1, q + "%");
    stmt.setMaxRows(20); // 結果の数を制限する
    ResultSet rs = stmt.executeQuery();
```

結果をテーブルにします（住所に付けた class 属性は 9.4 節で使います）．

```jsp
    out.println("<table>");
    while (rs.next()) {
      String code = rs.getString("code");
      String address = rs.getString("address1")
            + rs.getString("address2")
```

```
                + rs.getString("address3")
                + rs.getString("address4");
        String office = rs.getString("office");

        out.println("<tr>"
            + "<td>" + StringEscapeUtils.escapeXml(code) + "</td>"
            + "<td class='address'>" + StringEscapeUtils.escapeXml(address) + "</td>"
            + "<td>" + StringEscapeUtils.escapeXml(office) + "</td>"
            + "</tr>");
    }
    out.println("</table>");
```

接続を閉じて終了します．

```
    rs.close();
    stmt.close();
    conn.close();
%>
```

9.2.2 PHP での実装

PHP での実装は次のようになります（住所に付けた class 属性は 9.4 節で使います）．

```
<?php

//検索キーワードが無ければ終了
if (!isset($_GET['q'])) exit;

//データベースに接続
$db = new PDO('mysql:host=localhost;dbname=mydb', 'test', 'pass',
              array(PDO::MYSQL_ATTR_INIT_COMMAND => 'SET NAMES utf8'));

//検索
$query = 'SELECT code,address1,address2,address3,address4,office '
       . 'FROM zip WHERE code LIKE ? ORDER BY code LIMIT 20';
$stmt = $db->prepare($query);
$stmt->execute(array($_GET['q'] . '%'));

//結果を 1 件ずつ処理する
echo '<table>';
while ($row = $stmt->fetch(PDO::FETCH_ASSOC)) {
  $code = $row['code'];
  $address = $row['address1']
           . $row['address2']
           . $row['address3']
           . $row['address4'];
  $office = $row['office'];
  echo '<tr>';
  echo '<td>';
  echo htmlspecialchars($code, ENT_QUOTES, 'UTF-8');
  echo '</td>';
  echo '<td class="address">';
  echo htmlspecialchars($address, ENT_QUOTES, 'UTF-8');
```

```
  echo '</td>';
  echo '<td>';
  echo htmlspecialchars($office, ENT_QUOTES, 'UTF-8');
  echo '</td>';
  echo '</tr>';
}
echo '</table>';
```

9.2.3　GETによる検索の動作確認と改良

次の二つの演習で，郵便番号検索システムの動作を確認し，少し改良してみましょう．

演習： 郵便番号検索システムを実装し，http://localhost:8080/javaweb/zips.jsp?q=150 や http://localhost/phpweb/zips.php?q=150 のような URL で正しく検索できることを確認してください．実行結果は図 9.2 のようになるはずです．

演習： 郵便番号にハイフンが含まれていても正しく検索できるようにしてください．つまり，http://localhost:8080/javaweb/zips.jsp?q=229-8558 や http://localhost/phpweb/zips.php?q=229-8558 のような URL でも検索できるようにしてください．（ブラウザから送信されたデータを取り出した後，ハイフンを取り除きます．文字列の処理方法については，Java なら p.135 に，PHP なら p.137 にヒントがあります．）

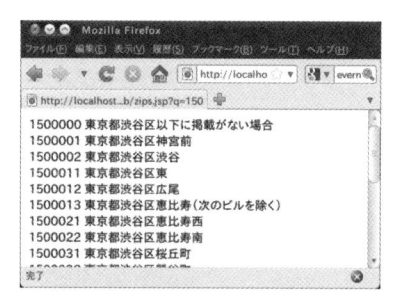

図 9.2　郵便番号の検索結果

9.3　フォームからの検索

検索のたびに URL を書くのは面倒なので，図 9.3 のように，フォームから検索できるようにします．

9.3.1　JSP での実装

次のような内容の zipsform.jsp を新規作成します（zips.jsp を修正する必要はありません）．

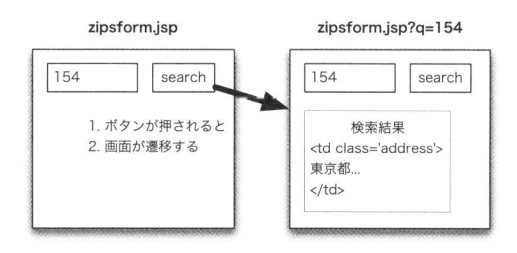

図 9.3　郵便番号検索のためのフォーム

```jsp
<%@page contentType="text/html" pageEncoding="UTF-8"%>
<%@page import="org.apache.commons.lang.*"%>
<%
    //テキストボックスに検索キーワードを再現する準備
    String paramq = request.getParameter("q");
    if (paramq != null) {
      paramq = StringEscapeUtils.escapeXml(paramq);
    } else {
      paramq = "";
    }
%>
<!DOCTYPE html PUBLIC "-//W3C//DTD XHTML 1.0 Strict//EN"
  "http://www.w3.org/TR/xhtml1/DTD/xhtml1-strict.dtd">
<html xmlns="http://www.w3.org/1999/xhtml">
  <head>
    <meta http-equiv="Content-Type" content="text/html; charset=UTF-8" />
    <title>郵便番号検索フォーム</title>
  </head>
  <body>
    <form action="" method="get">
      <p>
        <input type="text" name="q" value='<%= paramq%>'/>
        <input type="submit" value="search" />
      </p>
    </form>
    <jsp:include page="zips.jsp" />
  </body>
</html>
```

テキストボックスに検索キーワードを再現するためにキーワードを取り出してサニタイズしている点と，検索自体は先に作成した `zips.jsp` で実行するために，この JSP を `jsp:include` タグで挿入している点に注目してください（もちろん，`zips.jsp` と同じコードをもう一度ここに書いてもかまいません）．

演習：フォームからの検索を `zipsform.jsp` として実装し，動作を確認してください．

9.3.2　PHP での実装

次のような内容の `zipsform.php` を新規作成します（`zips.php` を修正する必要はありません）．

```php
<?php
//パラメータをテキストボックスに再現する準備
$paramq = '';
if (isset($_GET['q']))
  $paramq = htmlspecialchars($_GET['q'], ENT_QUOTES, 'UTF-8');
?>
<!DOCTYPE html PUBLIC "-//W3C//DTD XHTML 1.0 Strict//EN"
  "http://www.w3.org/TR/xhtml1/DTD/xhtml1-strict.dtd">
<html xmlns="http://www.w3.org/1999/xhtml">
  <head>
    <meta http-equiv="Content-Type" content="text/html; charset=UTF-8" />
    <title>郵便番号検索フォーム</title>
  </head>
  <body>
    <form action="" method="get">
      <p>
        <input type="text" name="q" value='<?php echo $paramq; ?>'/>
        <input type="submit" value="search" />
      </p>
    </form>
<?php require('zips.php'); ?>
  </body>
</html>
```

テキストボックスに検索キーワードを再現するためにキーワードを取り出してサニタイズしている点と，検索自体は先に作成した zips.php で実行するために，このファイルを require() で読み込んでいる点に注目してください（もちろん，zips.php と同じコードをもう一度ここに書いてもかまいません）．

演習： フォームからの検索を，zipsform.php として実装し，動作を確認してください．

9.4 Google Maps とのマッシュアップ

本節は初読時には飛ばしてもかまいません

郵便番号検索フォームを 4.5 節で紹介した Google Maps とマッシュアップしてみましょう（図 9.4）．マッシュアップというのは，ウェブで公開されているサービスを組み合わせて新しいウェブアプリを作ることです．世界中でたくさんのサービスが公開されていますから，うまくマッシュアップすることで，巨人の肩に乗ることを目指します[5]．

引数として住所を与えて呼び出すと，その場所の地図を表示する関数 drawMap() を 4.5.2 項で作りました．この関数を記述した addressmaps.js を利用すれば，マッシュアップを簡単に実現できます．どこから住所を取り出すかが問題ですが，検索結果を表示する際に，住所の部分には "address" という class 属性をつけておいたので，$(".address:first").text() として，結果に現れる最初の住所を使えばよいでしょう（4.2.2 項を参照）．コードの主要部分を以下に掲載します．ここで実装するのはクライアント側の処理だけなので，PHP の実装例は割愛します．

---

[5] 本節で紹介するのはクライアント（ウェブブラウザ）側でのマッシュアップです．5.2.2 項で紹介した技術を使えば，サーバ側でマッシュアップすることも可能です．

9.4 Google Maps API とのマッシュアップ

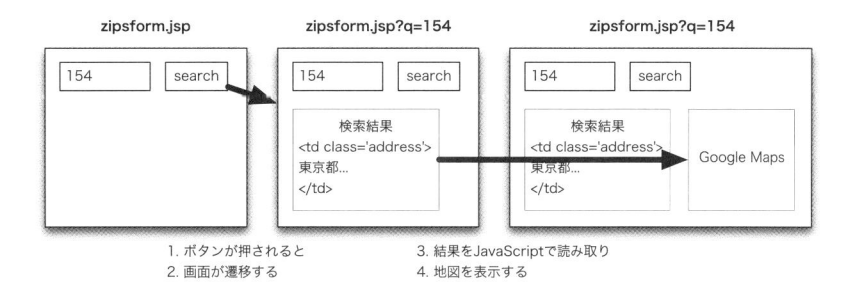

図 9.4 郵便番号検索システムと Google Maps のマッシュアップ

```
<head>
  <meta http-equiv="Content-Type" content="text/html; charset=UTF-8" />
  <style type="text/css">
    html, body { height: 100%; }
    td { font-size: smaller; }
  </style>
  <script type="text/javascript"
          src="http://maps.google.com/maps/api/js?sensor=false"></script>
  <script type="text/javascript" src="http://www.google.com/jsapi"></script>
  <script type="text/javascript">
    google.load("jquery", "1.5.0");
  </script>
  <script type="text/javascript" src="addressmaps.js"></script>
  <script type="text/javascript">
    $(document).ready(function() {
      var address = $(".address:first").text();
      drawMap(address);  // 地図を生成する
    });
  </script>
  <title>郵便番号検索フォームと Google Maps API のマッシュアップ</title>
</head>
<body>
  <form action="" method="get">
    <p>
      <input type="text" name="q" value='<%= paramq%>'/>
      <input type="submit" value="search" />
    </p>
  </form>
  <div id="map_canvas" style="float: right; width: 50%; height: 90%;"></div>
  <jsp:include page="zips.jsp" />
</body>
```

演習：上述のコードを `zipsmap.jsp` として実装し，動作を確認してください．あるいは，郵便番号検索システムと Google Maps をマッシュアップする `zipsmap.php` を作成してください．実行結果は図 9.5 のようになります．

第9章　ウェブアプリの実例

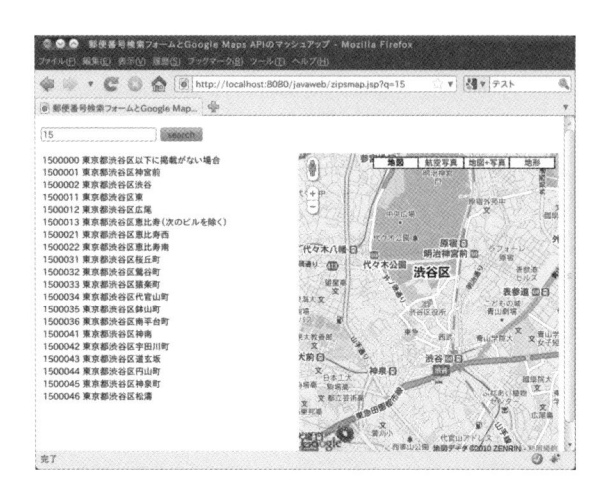

図 9.5　郵便番号検索システムと Google Maps のマッシュアップの実行例

9.5　Ajax によるリアルタイム検索

本節は初読時には飛ばしてもかまいません

　ここまでに作成した郵便番号検索システムは，ボタンを押すとフォームの内容がサーバに送られ，サーバで生成された新しいページがウェブブラウザに戻されるというものでした．つまり，ボタンを押すとページが遷移しました．このように，何か操作をするたびにページが遷移するユーザインターフェースは，あまり使いやすいとはいえません．郵便番号検索では大きな問題ではありませんが，Google Maps の地図をクリックするたびにページが遷移していたら，かなり使いにくい地図になるでしょう[6]．JavaScript を使ってバックグラウンドで通信を行うことで，ページを遷移させずにウェブページを更新させることができます．このような技術は Ajax と総称されます．

　Ajax を使って，郵便番号を 1 文字入力するごとに，検索結果が更新されるようにします．目標とするウェブアプリは，図 9.6 のようなものです．

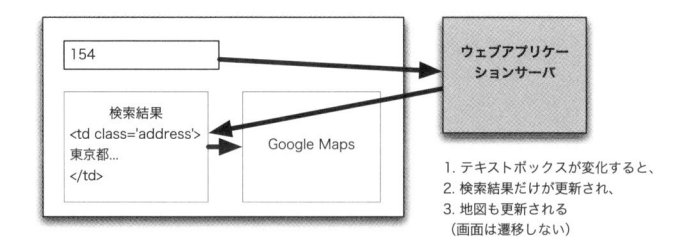

図 9.6　Ajax によるリアルタイム検索（図 9.4 と比較してほしい）

　次のような手順で実装します．

---

[6]　実は Google Maps の登場以前のオンライン地図はそういうものでした．しかし，JavaScript をうまく使うことで，ページを遷移させずにウェブページを更新できるということが Google Maps によって示されたのです．

1. キーが入力されたときの動作は，jQueryの「要素.keyup(function() { 動作 });」という形式で記述する．要素を選択できるように，テキストボックスには id 属性 "q" を与える．
2. 検索は「`zips.jsp?q=15`」のような URL で行う．この URL は「`"zips.jsp?q-" + $("#q").val()`」で作る．
3. バックグラウンドでの通信とその結果による要素の更新は，jQuery の「要素.load(URL, function() { 更新後の処理 });」で行う．
4. 要素の更新後の処理として，地図の生成を行う（4.5.2 項で作成した関数 drawMap() を使う）．

これらの手順を実装した zipsajaxmap.jsp の主要部分は次のようになります（ここに掲載していない部分は zipsmap.jsp と同じです）．

```
<script type="text/javascript">
  $(document).ready(function() {
    $("#q").keyup(function() {
      var url = "zips.jsp?q=" + $("#q").val();
      $("#result").load(url, function(){
        var address = $(".address:first").text();
        drawMap(address); // 地図を生成する
      });
    });
  });
</script>
<title>リアルタイム郵便番号検索</title>
</head>
<body>
  <form action="" method="get">
    <p>
      <input id="q" type="text" name="q" value='<%= paramq%>'/>
      <input type="submit" value="search" />
    </p>
  </form>
  <div id="map_canvas" style="float: right; width: 50%; height: 90%;"></div>
  <div id="result"></div>
</body>
```

演習：上述のコードを zipsajaxmap.jsp として実装し，動作を確認してください．あるいは，Ajax によるリアルタイム検索を可能にする zipsajaxmap.php を実装してください．

9.6 Model, View, Controller

本節は初読時には飛ばしてもかまいません

　ウェブアプリをモデルとビュー，コントローラという三つの要素で組み立てる方法を紹介します．この枠組みで作ると，後の修正や拡張，部品の再利用が容易になります．
　本節では，Java を使う例だけを紹介します．MVC を PHP で実現するためには，PHP におけるオブジェクト指向プログラミングを学ばなければなりません．

9.6.1 MVCとは何か，どう実装するのか

▶ Monolithic JSP

9.2.1項で作成した郵便番号検索の本体（`zips.jsp`）は，一つのJSPでできていました．このJSPが担っていたのは次の処理です．

1. クライアントからデータを受信する．
2. データベースへ問い合わせる．
3. 結果をクライアントに返す．

このように，処理のすべてを担うようなJSPは，Monolithic JSPとよばれ，ウェブアプリ開発のアンチパターン（よい設計であるデザインパターンの対極）とされています[7]．アプリケーションが複雑になると，JSPは手に負えないぐらい複雑になってしまうからです．そうならないために，MVCというデザインパターンに沿ってアプリケーションを実装します．

▶ Model-View-Controller

ウェブアプリにおけるMVC（モデル，ビュー，コントローラ）とは，おおざっぱにいえば，アプリケーションの各役割を次のように分担することです（図9.7）．

コントローラ クライアントからのリクエストを受け取ります．実装はサーブレットです．

モデル メインタスク（ビジネスロジック）を担います．実装は単なるJavaのクラスPOJO（Plain Old Java Object）です．

ビュー クライアントに返す画面を生成します．実装はJSPです．

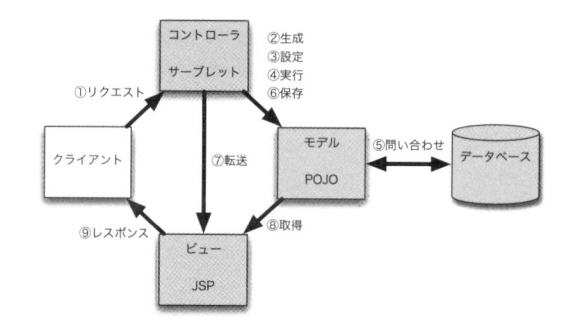

図9.7 MVCパターンを利用するウェブアプリ（番号は次項の手順に対応している）

9.6.2 郵便番号検索のMVCによる実装

先の郵便番号検索システムをMVCで実装すると，各コンポーネントの動作は次のようになります（図9.8）．

1. クライアント：`zip.Controller`に情報（code=153）をリクエストする．
2. コントローラ：`zip.Model`を生成する．
3. コントローラ：`zip.Model`のパラメータを設定する(code="153")．
4. コントローラ：`zip.Model`のメインタスク（検索）を実行させる．

---

7) Tate『サーバーサイドJavaアンチパターン』（日経BP社, 2003）

5. モデル：データベースに問い合わせる．
6. コントローラ：zip.Model を保存する[8]．
7. コントローラ：view.jsp に転送する．
8. ビュー：保管された zip.Model を取得する．
9. ビュー：zip.Model から情報を取り出しながらページを生成し，クライアントにレスポンスを送信する．

これだけ見ると非常に複雑になってしまったように思うかもしれません．しかし，こうすることで，機能の分割や拡張がとても楽になるのです．アプリケーションが複雑になっても，基本的な枠組みはこれ以上複雑にはなりません．

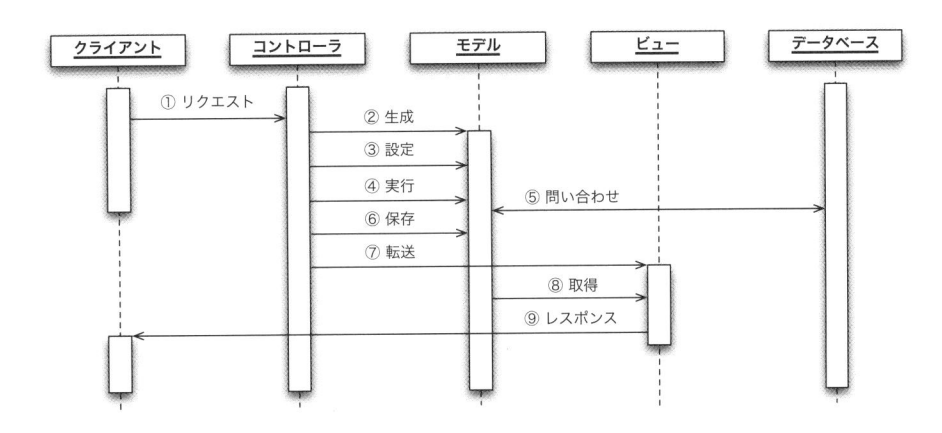

図 9.8 MVC で実装した郵便番号検索システムの UML シーケンス図

▶ モデル

郵便番号検索システムの本体，つまり検索を実行するモデルを作成します．モデルは POJO で実装しますが，次の条件を満たさなければなりません．

- デフォルトコンストラクタがある（A.5.1 項を参照）．
- フィールドには対応するアクセッサがある（A.5.1 項を参照）．

ここでは zip というパッケージの中に，Model というクラスを作ることにします（図 9.9）．パッケージはクラスの集合だとここでは考えてください[9]．

演習： A.5.1 項を参考に，次の二つの変数をもつクラス Model を作成し，アクセッサ（setQ(), getResult()）も実装してください．

Model には以下の二つのフィールドをもたせます．

q 検索対象の郵便番号を格納します（型は String）．
results 検索結果（String の配列）を格納します（型は List<String[]>）．

この段階で，Model.java は次のようになっています．

---

[8] モデルが実行したタスクの結果を保存してもいいでしょう．
[9] このクラスのオブジェクトは後で JSP から呼び出すのですが，JSP から呼び出すクラスはパッケージに入っていなければなりません．

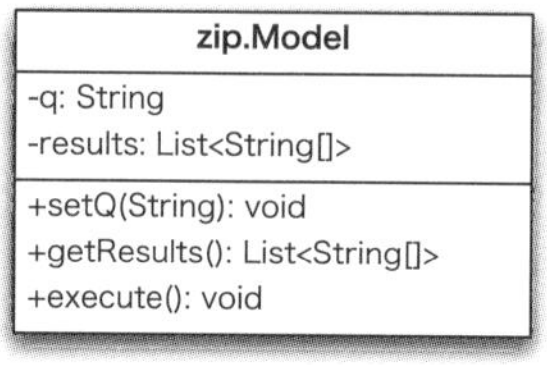

第 9 章 ウェブアプリの実例

```
                zip.Model
-q: String
-results: List<String[]>
+setQ(String): void
+getResults(): List<String[]>
+execute(): void
```

図 9.9　zip.Model のクラス図

```java
package zip;

import java.util.*;
import java.sql.*;

public class Model {

  private String q;
  private List<String[]> results;

  public List<String[]> getResults() {
    return results;
  }

  public void setQ(String q) {
    this.q = q;
  }
}
```

▶ メインタスク：execute

　　クラス Model のメインタスクである郵便番号の検索は，メソッド execute() で実装します．このメソッドは，変数 q の値をもとに SQL 文を発行し，結果を文字列配列 { 郵便番号，住所，事業所等名 } として，リスト results に格納します．

```java
public void execute() {
  try {
    Class.forName("com.mysql.jdbc.Driver").newInstance();
    String url = "jdbc:mysql://localhost/mydb?characterEncoding=UTF-8";
    Connection conn = DriverManager.getConnection(url, "test", "pass");

    PreparedStatement stmt = conn.prepareStatement(
        "SELECT * FROM zip WHERE code LIKE ? ORDER BY code");
    stmt.setString(1, q + "%");
    stmt.setMaxRows(20);
    ResultSet rs = stmt.executeQuery();

    results = new LinkedList<String[]>();
    while (rs.next()) {
      String result[] = {rs.getString("code"),
        rs.getString("address1")
        + rs.getString("address2")
        + rs.getString("address3")
        + rs.getString("address4"),
```

9.6 Model, View, Controller

```
        + rs.getString("address3")
        + rs.getString("address4"),
        rs.getString("office")};
      results.add(result);
    }
    rs.close();
    stmt.close();
    conn.close();
  } catch (Exception ex) {
    ex.printStackTrace();
  }
}
```

▶ コントローラ

コントローラはクライアントからのリクエストを受け取り，その内容によって次の処理を決めます．実装はサーブレットで行いますが，いま，必要なのは GET への対応だけなので，次のようなメソッド doGet() をもつサーブレット zip.Controller を作ります．

```
@Override
protected void doGet(HttpServletRequest request, HttpServletResponse response)
        throws ServletException, IOException {
  String q = request.getParameter("q");
  if (q != null) {                          //リクエストパラメータがあったら
    Model model = new Model();              //モデルを生成し，
    model.setQ(q);                          //パラメータを設定
    model.execute();                        //検索を実行
    request.setAttribute("model", model);   //結果をリクエストスコープに保管し，
  }                                         //制御をビューに渡す
  getServletContext().getRequestDispatcher("/view.jsp").forward(request, response);
}
```

図 9.7 のように，コントローラ内で生成したモデルは，後でビューから呼び出すため，一時的に別の場所に登録しておかなければなりません．登録場所には page と request, session, application があり，これらはスコープとよばれます（表 9.2）．今回は request に登録しておけばよいでしょう．郵便番号検索は，リクエストを受けて結果を表示すればそれで終わりで，それ以上結果を記憶しておく必要はないからです．

表 9.2 スコープの種類とサーブレット JSP から利用する方法

スコープ		Servlet	JSP
アプリケーション	利用するすべてのクライアントに影響する	getServletContext()	application
セッション	ブラウザを閉じたり明示的にセッションを終了するまで有効（6.4 節）	request.getSession()	session
リクエスト	リクエストに対して結果を返すまで有効	request	request
ページ	特定の JSP 内でのみ有効		pageContext

第9章 ウェブアプリの実例

モデルを request に登録したら，制御をビューに渡します[10]．

▶ ビュー

クライアント（ブラウザ）に提示するページを生成するのがビューです．ビューは JSP で実装します．ここでは，コントローラから転送することになっていた/view.jsp を作成します．

view.jsp の大部分は 9.3.1 項で作成した zipsform.jsp と同じです．form 要素の action 属性値（送信先）と結果の表示方法が変わっていることに注目してください．コントローラによってモデルが生成され，"model" としてリクエストスコープに登録されているなら，それを取り出して内容を表示します．セッションの場合（6.4.1 項参照）と同様で，取り出す際にはキャストが必要です．

```jsp
<%@page contentType="text/html" pageEncoding="UTF-8"%>
<%@page import="java.util.*"%>
<%@page import="org.apache.commons.lang.*"%>
<%
    //パラメータをテキストボックスに再現する準備
    String paramq = request.getParameter("q");
    if (paramq != null) {
      paramq = StringEscapeUtils.escapeXml(paramq);
    } else {
      paramq = "";
    }
%>
<!DOCTYPE html PUBLIC "-//W3C//DTD XHTML 1.0 Strict//EN"
  "http://www.w3.org/TR/xhtml1/DTD/xhtml1-strict.dtd">
<html xmlns="http://www.w3.org/1999/xhtml">
  <head>
    <meta http-equiv="Content-Type" content="text/html; charset=UTF-8" />
    <title>郵便番号検索フォーム</title>
  </head>
  <body>
    <form action="Controller" method="get">
      <p>
        <input type="text" name="q" value='<%= paramq%>'/>
        <input type="submit" value="search" />
      </p>
    </form>
    <%
      zip.Model model = (zip.Model) request.getAttribute("model");
      if (model != null) {
        out.println("<table>");
        List<String[]> results = model.getResults();
        for (String[] result :  results) {
          String code = result[0];
          String address = result[1];
          String office = result[2];
          out.println(String.format("<tr><td>%s</td><td>%s</td><td>%s</td></tr>",
                  code, address, office));
        }
        out.println("</table>");
```

---

[10] 制御を別ページに渡す方法には，ここで利用しているフォワードと 8.3.2 項で利用したリダイレクトがあります．フォワードはサーバ側で行われるため，ウェブブラウザのアドレス欄は変化しません．それに対してリダイレクトはクライアント側で行われるため，ウェブブラウザのアドレス欄は変化します（ステータスコード 302（p.63）と，レスポンスヘッダ（p.63）の Location で転送先が示されます）．

```
      }
   %>
 </body>
</html>
```

演習：郵便番号検索システムを MVC で実装し，`http://localhost:8080/myweb/Controller` で動作するようにしてください．

> **COLUMN** 📖 **RESTful ウェブサービス**
>
> 5 章で紹介した HTTP の CRUD を素直に活用することを REST，REST で開発したウェブサービスを RESTful ウェブサービスとよびます．RESTful ウェブサービスの考え方の一部は本書でも取り入れていますが，Java では JAX-RS という規格によって，本格的な RESTful ウェブサービスを作成できるようになっています．RESTful ウェブサービス自体については，Richardson ほか『RESTful Web サービス』（オライリー・ジャパン，2007）を，JAX-RS については，Burke ほか『Java による RESTful システム構築』（オライリー・ジャパン，2010）を参照してください．すべての基盤となる HTTP については，山本陽平『Web を支える技術』（技術評論社，2010，`http://qwik.jp/webtechbook/`）がよくまとまっています．
>
> NetBeans では，以下のような手順で RESTful ウェブサービスを簡単に作ることができるので，試してみるといいでしょう．
>
> 1. MySQL のデータベースとテーブルを作る．
> 2. データベースのデータに対応するクラスを作る（新規→データベースからエンティティクラスを作る）．
> 3. RESTful ウェブサービスを作る（新規→エンティティクラスからの RESTful Web サービス）．
> 4. RESTful ウェブサービスを起動する（プロジェクトを右クリック→RESTful Web サービスのテスト）．

> **COLUMN** 📖 **GlassFish の単体利用**
>
> GlassFish を単体で利用する方法を紹介します．本文では，NetBeans や Eclipse 上で GlassFish を起動し，サーブレットや JSP を利用していますが，ウェブアプリを実際に運用する際に，これらの IDE は必要ありません．使えないというわけではありませんが，IDE 自体がかなり重いソフトウェアなので，使わないほうがいいでしょう．以下の手順で GlassFish をインストールし，ウェブアプリを配備することで，IDE なしでも Java のウェブアプリを動作させられます（運用は GNU/Linux で行われることが多いため，Ubuntu の場合だけを紹介します）．
>
> 1. GlassFish のウェブサイト（`http://glassfish.java.net/ja/`）から，GlassFish サーバ（ここでは `glassfish-3.0.1-unix-ml.sh` とする）をダウンロードし，コンソールで「`sudo sh ダウンロード/glassfish-3.0.1-unix-ml.sh`」と入力してインストールする（インストール先は`/opt/glassfishv3`，管理者のユーザ名は `admin`，パスワードは `pass` と

する）．展開するだけでよい zip archive も公開されている．
2. 「`sudo /opt/glassfishv3/bin/asadmin start-domain domain1`」として GlassFish を起動する（停止させる時は「`sudo /opt/glassfishv3/bin/asadmin stop-domain domain1`」）．ブラウザから `http://localhost:8080/` にアクセスしたときに，「Your server is now running」というページが表示されれば起動成功である．
3. ウェブアプリを一つにまとめたファイル（WAR ファイル，拡張子は「`.war`」）を作る．NetBeans では，「実行→主プロジェクトを構築」とすると，`/home/ユーザ名/NetBeansProjects/プロジェクト名/dist` に WAR ファイルができる．Eclipse では，「Project Explorer でプロジェクトを右クリック→ Export → WAR File」として WAR ファイルを作成する．
4. GlassFish の管理画面（`http://localhost:4848/`）にアクセスし，「共通項目→アプリケーション」にある「配備」ボタンをクリックし，WAR ファイルをアップロードする（図 9.10）．

ウェブブラウザから `http://localhost:8080/javaweb/` などにアクセスして，ページが表示されれば成功です．

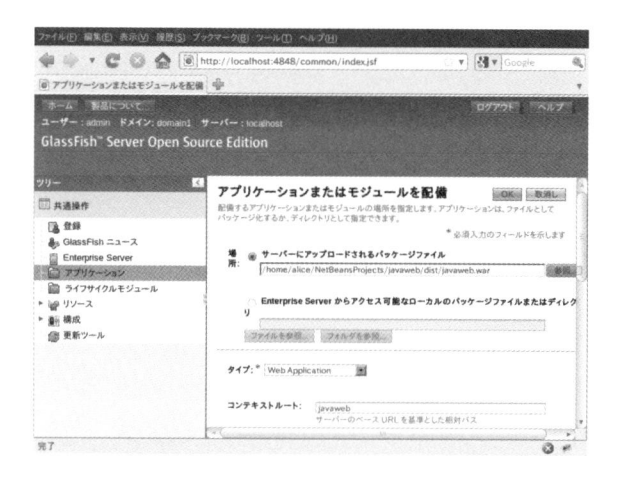

図 9.10　GlassFish の管理画面での WAR ファイルのアップロード

COLUMN　Apache と GlassFish の連携

Apache と GlassFish を連携させる方法を紹介します．本文では，PHP のウェブアプリは Apache によってポート 80 で，Java のウェブアプリは GlassFish によってポート 8080 あるいは 8084 で公開しています．Apache と GlassFish を連携させると，Java のウェブアプリもポート 80 で公開できるようになります．

Apache と GlassFish の両方で，通信のための AJP（Apache Jserv Protocol）とよばれるプロトコルを有効にします．具体的な手順は以下のとおりです．GlassFish を単体で利用できる環境で試してください（p. 161 のコラムを参照）．ここでは Ubuntu の場合を紹介します．

1. 「`sudo a2enmod proxy_ajp`」とコンソールで入力し，AJP のためのモジュールを有効にする．

2. 「`sudo gedit /etc/apache2/mods-enabled/proxy.conf`」としてエディタを起動し，「`Deny from all`」の部分を「`Allow from all`」に書き換える．
3. 「`sudo gedit /etc/apache2/sites enabled/000-default`」としてエディタを起動し，ファイルの最後に「`ProxyPass /javaweb ajp://localhost:8080/javaweb`」と追記する．
4. Apache を再起動する（2.3.1 項を参照）．
5. GlassFish の管理画面（`http://localhost:4848/`）にアクセスし，「構成→ネットワーク設定→ネットワークリスナー→ http-listener-1」をクリックする．
6. ネットワークリスナーの編集画面で，「JK リスナー」を有効にする．
7. GlasshFish を再起動する（p. 161 で紹介した方法で停止させてから，起動する）．
8. ウェブブラウザから `http://localhost/javaweb` にアクセスし，ページが表示されれば成功．

手順1から4によってApacheは，`http://localhost/javaweb`へのHTTPリクエストを受信すると，AJPで`http://localhost:8080/javaweb`に問い合わせ，その結果をクライアントに返すようになります．

手順5から7によってGlassFishは，`http://localhost:8080/javaweb`へのAJPリクエストに対応できるようになります．開発マシン（IDEを利用するマシン）では，手順5で既存のネットワークリスナー（http-listener-1）の設定を書き換えるのではなく，新しいネットワークリスナーを作成した方がいいでしょう（名前は「jk」，ポートは 8009 などとしておきます）．Apache の設定ファイル（`000-default`）の内容もそれに合わせてください．

図 9.11　Apache と GlassFish の連携のために，JK リスナーを有効にする

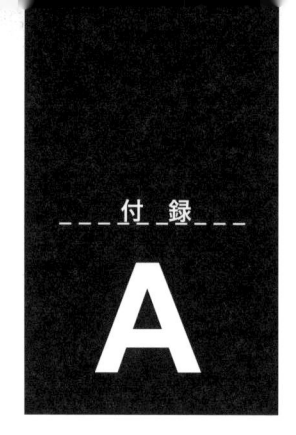

付録 A　Cプログラマのための Java

C 言語を知っている人向けに，ウェブアプリ作成のために最低限知っておかなければならない Java の知識をまとめます[1]．

A.1　Hello World!

「Hello World!」と表示するだけのアプリケーションを，2.5.1 項で作成したプロジェクト（javaweb）で作成します．

プロジェクト名（javaweb）を右クリック→新規→ Java クラス（Eclipse では New → Class），とすると図 A.1 のような新規 Java クラスの生成ウィザードが現れるので，"Hello" という名前の新しいクラスを作ります（Java のクラス名の先頭は大文字にするのが慣例です）．C 言語のプログラムの基本単位が関数であるのに対して，Java のプログラムの基本単位はクラスです．

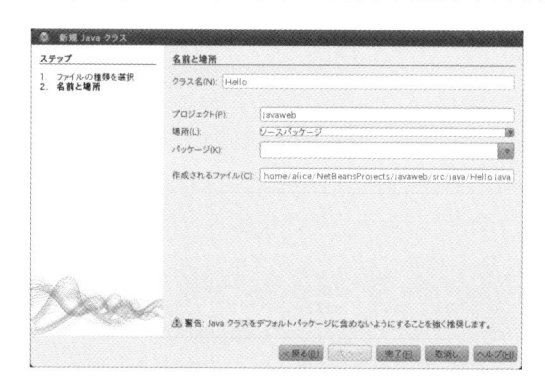

図 A.1　新規 Java クラスの生成ウィザード

ファイルの内容を以下のように修正します．

```
public class Hello {

  public static void main(String[] args) {
```

---

[1] Java 言語自体についてはあまり詳しく勉強しなくてもウェブアプリは作れますが，Gosling『プログラミング言語 Java』（ピアソンエデュケーション，第 4 版，2007）や井上誠一郎ほか『パーフェクト Java』（技術評論社，2009）のような，言語の細かい点について解説しているものが手元にあると，疑問が早く解決できるので便利です．

```
        System.out.println("Hello World!");
    }
}
```

コードを右クリック→実行をクリックすると（Eclipse では "Run As" → "Java Application"），いま作成したプログラムが実行され，「Hello World!」と表示されます．

実行できるプログラムには「`public static void main(String[] args)`」があり，クラス名とファイル名は一致しています．

`Hello.java`を次のように修正し，実行します．

```
import java.util.*;

public class Hello {

  public static void main(String[] args) {
    int[] a = {1, 2, 3};
    System.out.println(a.length); //出力値：3
    System.out.println(Arrays.toString(a)); //出力値：[1, 2, 3]

    String str = "Hello World!";
    System.out.println(str.length()); //出力値：12
    System.out.println(str.toUpperCase()); //出力値：HELLO WORLD!
  }
}
```

配列の宣言や初期化方法は，C 言語の場合とあまり変わりません（配列のサイズは実行時に決められます）．

C 言語の場合と違って，「配列名`.length`」とすれば配列のサイズがわかります．配列名はポインタではありません．

配列全体を文字列として整形するための便利なメソッド `Arrays.toString()` があります（Arrays は配列のためのさまざまなメソッドをもつクラスです[2]）．Arrays は正式には `java.util.Array` です（`java.util` は Arrays が属するパッケージです）．毎回こう入力するのは面倒なので，プログラムの最初に「`import java.util.Arrays;`」あるいは「`import java.util.*;`」と記述しています．この記述がない場合には，`java.util.Arrays.toString` と記述しなければなりません．

C 言語の文字列が `char[]`（あるいは `char*`）型だったのに対して，Java の文字列は `String` 型です．文字列の末尾に「`\0`」のような特殊な文字を追記する必要はありません．`String` には，長さ（文字数）を調べたり，文字をすべて大文字にしたりする機能が備えられています．長さを調べたければ「`.length()`」[3]，大文字にしたければ「`.toUpperCase()`」とします．このように，「`.`」を付けて機能を呼び出すのが基本です．他の機能については，`String` の API 仕様[4]を参照してください．

Java では，`int` や `double` などの組み込み型の変数や配列以外のもの（オブジェクト）は，「`new` クラス名(引数)」として作成するのが基本です．しかし，「`"Hello World!"`」のような文字列リテラルを使って文字列を作るときには，「`String str = "Hello World!";`」という書き方ができます．この方が効率がいいので，本書ではこの記法だけを使います．

---

[2] Arrays のもつメソッドは static，つまり，Arrays オブジェクトなしでも利用できます．
[3] 長さを正しく数えられない場合があります．B.3 節の脚註を参照してください．
[4] http://java.sun.com/javase/ja/6/docs/ja/api/java/lang/String.html

A.2 クラスライブラリ

StringやArraysのほかにも，Javaには便利な部品があらかじめたくさん用意され，標準クラスライブラリとしてまとめられています．標準クラスライブラリの全要素は，Java Platform, Standard Edition 6 API 仕様（http://java.sun.com/javase/ja/6/docs/ja/api/）で閲覧できます（このページは，常に参照できるようにしておく必要があります．「java api 6」などのキーワードで検索すれば見つかります）．API 仕様は読みこなせるようになっている必要がありますが，憶える必要はありません．だいたいのことを憶えておけば，あとはこのページから探して確認すればいいですし，NetBeans や Eclipse のような開発環境には，ライブラリの利用を支援する機能が備わっています．ライブラリを探すにはある程度の英語の知識が必要です．たとえば，「文字列」について知りたいとき，"string" という単語が浮かぶかどうかで開発効率は大きく変わります．

本節では，クラスライブラリの利用例として，文字列に関するクラスと日時に関するクラスを紹介します．

A.2.1 文字列

▶ **StringBuilder**

Stringは内容を変更することができないため，処理をしながら文字列を作る場合には，Stringではなく StringBuilder を使います[5]．たとえば，条件によって生成される文字列を変えるには次のようにします（最後に文字列にするには，メソッド toString() を用います．これは Java のすべてのクラスで共通です）．

```
StringBuilder sb = new StringBuilder("文字列の始まり");
sb.append(" 途中 ");
sb.append("終わり");
System.out.println(sb.toString());
// 出力値：文字列の始まり 途中 終わり
```

次のように書いても最終的にできる文字列は同じになります．しかし，この書き方だと，文字列を連結するたびに新しい文字列オブジェクトを生成し，文字列全体をコピーすることになります．そのため，長い文字列を扱う際にこのような書き方をすると，プログラムが非常に遅くなる恐れがあります．

```
String str = "文字列の始まり";
str += " 途中 ";
str += "終わり";
```

▶ **正規表現**

先に説明した String や StringBuilder の例は，文字列操作としてはもっとも単純なものです．もう少し複雑なことをする場合には，正規表現の知識が不可欠です．正規表現は文字列操作の基本で，広く使われているほとんどすべてのプログラミング言語やテキストエディタでサポートされてい

---

[5] http://java.sun.com/javase/ja/6/docs/ja/api/java/lang/StringBuilder.html
マルチスレッドにしたい場合は StringBuffer を使います．

ます[6]．文字列を扱うプログラムを書く人は，正規表現を手足のように扱えなければなりません[7]．

表 A.1　Java で利用可能な正規表現（一部）

[abc]	a, b または c
[^abc]	a,b,c 以外の文字
[a-zA-Z]	a から z または A から Z
.	任意の文字
\d	数字（[0-9] と同じ）
\D	数字以外（[^0-9] と同じ）
\s	空白文字
\S	非空白文字
\w	単語構成文字（[a-zA-Z_0-9] と同じ）
\W	非単語構成文字
^	行の先頭
$	行の末尾
X?	0 または 1 回の X（最後に?を付けると非欲張り）
X*	0 回以上の X（最後に?を付けると非欲張り）
X+	1 回以上の X（最後に?を付けると非欲張り）
X{n}	n 回の X（最後に?を付けると非欲張り）
X{n,}	n 回以上の X（最後に?を付けると非欲張り）
X{n,m}	n 回以上 m 回以下の X（最後に?を付けると非欲張り）
X|Y	X または Y
(X)	グループ X．正規表現中で順番に \1, \2 と参照できる

Java は正規表現を標準でサポートしているので，正規表現を使うのは簡単です．よく使うと思われるものを表 A.1 にまとめました[8]．

▶ 文字列の検索

最初の例として，「`<h3>`文字列`</h3><p>`文字列を扱うには（中略）`</p><H3>`正規表現`</h3><p>`先に説明した `String` や `\n`（後略）`</p>`」という文字列から h3 要素の部分だけを取り出してみましょう[9]．

取り出したいのは，「`<h3>`と`</h3>`にはさまれた任意の文字列」ですから，表 A.1 を見ながら正規表現を作ると，「`<h3>.*</h3>`」でよさそうです．

正規表現を `Pattern` オブジェクトで設定し，`Matcher` オブジェクトで文字列に適用，このオブジェクトのメソッド `find()` で検索，メソッド `group()` で結果を取り出します．（`import java.util.regex.*;` が必要です）．

---

[6] Friedl『詳説 正規表現』（オライリー・ジャパン，第 3 版，2008）は，テキスト処理における正規表現に関する書籍の決定版です．テキスト処理の「正規表現」は，計算理論の「正規表現」がもとになっていますが，両者はかなり違うものです．たとえば，テキスト処理においては「`^(0*)1*\1$`」という簡単な正規表現で表される文字列が，計算理論では正規ではありません．本書で扱うのは，テキスト処理の正規表現です．計算理論の正規表現について知りたい場合は，Hopcroft ほか『オートマトン言語理論 計算論 I および II』（サイエンス社，第 2 版，2003）のような計算機科学の入門書を読んでください．テキスト処理の正規表現も実装によって細かい違いはあります．

[7] もちろん正規表現では扱えないような場合や，正規表現を使わないほうが簡単という場合はあります．

[8] 正規表現の完全なリストは API 仕様の `Pattern` のところに載っています．

[9] 本格的に HTML 文書を処理する場合には専用の構文解析ライブラリを使いますが，簡単な場合は正規表現で十分です．

```
String html = "<h3>文字列</h3><p>文字列を扱うには（中略）</p>"
            + "<H3>正規表現</H3><P>先に説明した String や\n（後略）</p>";
Pattern pattern = Pattern.compile("<h3>.*</h3>");
Matcher matcher = pattern.matcher(html);
while (matcher.find()) {
  System.out.println(matcher.group());
}
```

演習：このコードを実行し，結果を確認してください．

　　実行してみると，うまくいっていないことがわかるはずです．失敗の原因は，任意の文字列の部分を「.*」としたことです．「*」は「欲張り量指定子」なので，マッチできる最長の文字列にマッチしてしまいます．

　　そこで，非欲張り量指定子「*?」を使い，「<h3>.*?</h3>」という正規表現を試してみると，今度は「<h3>文字列</h3>」しか取り出されません．これは，対象文字列内の「<h3>」であるべきタグが，間違って「<H3>」になっているためです．文字列が妥当ではないからといってやめるわけにはいきませんから，大文字と小文字を区別しないように正規表現を修正します．新しい正規表現は，「(?i:<h3>.*?</h3>)」となります．(?i:　)の中に書いた正規表現は，大文字と小文字を区別しなくなります（マッチモードが変わります）．これで当初の目的は達成されます．

演習：実際に問題が解決できることを確かめてください．

　　今度は p 要素の内容だけを取り出してみましょう．「(?i:<p>.*?</p>)」でよいように思えますが，実行すると「<p>文字列を扱うには（中略）</p>」しか取り出せません．これは任意の文字にマッチするはずのドット「.」が，実は改行「\n」にはマッチしないためです．

　　そこで，ドット「.」をすべての文字とマッチさせるようにマッチモードを変更します．新しい正規表現は「(?is:<p>.*?</p>)」となります．「i」は先ほどと同様大文字と小文字を区別しないモード修飾子，「s」がドット「.」を改行を含めてすべての文字とマッチさせるためのモード修飾子です[10]．

▶ 文字列の置換

　　別の例として，aaXbbXX や cXXd，eXXXf のような文字列に含まれる一つ以上の X を，単一の Z に置き換えてみましょう（つまり aaZbbZ，cZd，eZf にしたいわけです）．置換は "replace" ですから，API 仕様の String のところで replace を探します（こういう勘が働くようになるまでには少し時間がかかるかもしれません）．

　　API 仕様をみると，メソッド replace() は char あるいは CharSequence の置き換えなので[11]，ここでの目的には使えません（aaZbbZZ，cZZd，eZZZf にしたいなら，replace() が使えます）．API 仕様を眺めれば，replaceAll() を使えばよいことはすぐにわかると思います．このメソッドは replaceAll(String regex, String replacement) と宣言されているので，最初の引数は正規表現を文字列の形で与えることになっていることがわかります．

　　表 A.1 をみると，置換の対象となる文字列は，正規表現「X+」で指定できることがわかりますから，結局，次のようなコードを書けば，目的の置換が実現することがわかります．

```
String[] strs = {"aaXbbXX", "cXXd", "eXXXf"};
```

---

[10]「Pattern.compile("<p>.*?</p>", Pattern.CASE_INSENSITIVE|Pattern.DOTALL)」としても同じ結果が得られます（この記法なら NetBeans や Eclipse のコード補完機能を利用できます）．

[11] String も CharSequence です．

```
for (String s : strs) {
  System.out.println(s.replaceAll("X+", "Z"));
}
```

もう少し複雑な例を試します．yabuki@example.com, taro@example.org, taro.yabuki@unfindable.net のようなメールアドレスから，ローカルパート（@の左側）つまり yabuki, taro, taro.yabuki と，トップレベルドメインつまり com, org, net を切り出したいとします（これ自体は人為的な課題ですが，似たような話はよくあります）．さまざまな方法が考えられますが，正規表現を使うと次のように簡単に解決できます[12]．

1. メールアドレスを五つの要素（文字列，「@」，文字列，「.」，文字列）からなるものと考える．
2. 取り出したい要素を () で囲む．『(文字列)，「@」，文字列，「.」，(文字列)』となる．
3. 文字列は「.+」である．「.」は特殊な意味をもつため「\」でエスケープする[13]．
4. 取り出すための正規表現は「(.+)@.+\\.(.+)」となる．
5. メソッド replaceFirst() あるいは replaceAll() を使う．() で囲んだ要素は，順番に$1, $2 として取り出せる[14]．（for 文の書き方については，A.4.4 項を参照）．

```
String[] mails = {
  "yabuki@example.com",
  "taro@example.org",
  "taro.yabuki@unfindable.net"
};
for (String s : mails) {
  System.out.println(s.replaceFirst("(.+)@.+\\.(.+)",
      "$1 のトップレベルドメインは$2"));
}
```

次のようにも書けます．文字列を抜き出すだけなら，この形を使うとよいでしょう．

```
Pattern pattern = Pattern.compile("(.+)@.+\\.(.+)");
for (String s : mails) {
  Matcher matcher = pattern.matcher(s);
  matcher.find();
  System.out.println(matcher.group(1) + "のトップレベルドメインは" +
    matcher.group(2));
}
```

A.2.2 暦

私が暦の問題を心から愛してやまないのは，人間が抱える癖のすべてが，そこに縮図として表れているからである．——Stephen Jay Gould『暦と数の話』（早川書房，1998）

---

[12] 文字列を走査して，@や最後のドットの位置を探そうとしてはいけません．「どのように得るか」ではなく「何が欲しいか」を記述すればよい場合はそれで済ませましょう．

[13] エスケープのための「\」自体，Java では特殊な意味をもつのでエスケープが必要です．

[14] ここで使った正規表現は，有効なメールアドレスだけにマッチするようなものではありません．そういう正規表現を書くのは非常に難しい課題です．メールアドレスの形式は RFC 5321 Simple Mail Transfer Protocol（http://srgia.com/docs/rfc5321j.html）で定められていますが，それに違反したメールアドレスも使われています．確実にしたいなら，実際にメールを送ってみるといいでしょう．

日付を表す方法を考えましょう．

int 型の year, month, day という変数を使えばよいと思うかもしれませんが，それはあまりよい方法ではありません．非常に複雑な暦の計算を自分で実装しなければならなくなるからです．

日付は Calendar オブジェクトとして保持します．カレンダーとはいっても，オブジェクトが保持するのは特定の日時です．

適当なクラス (Hello.java) で実験してみましょう．メソッド main() に次のコードを書きます (import java.util.*; と import java.text.*; が必要です)．

```
//現在の日時を取得
Calendar cal = Calendar.getInstance();

//日付の表示形式を定義し，実際に表示する
DateFormat fmt = DateFormat.getDateInstance(DateFormat.FULL);
System.out.println(fmt.format(cal.getTime()));
```

日本語環境で使っているなら，「2007 年 1 月 28 日」のように表示されます．

DateFormat オブジェクトを変更して，表示形式を変えてみましょう．

```
fmt = new SimpleDateFormat("yyyy-M-d");
System.out.println(fmt.format(cal.getTime()));
```

演習： 表示形式を変えた結果を確認してください．

日付の計算方法を紹介します．特定の日付を設定し，その翌日を求めてみましょう．

```
cal.set(1582, Calendar.OCTOBER, 4);
cal.add(Calendar.DAY_OF_MONTH, 1);
System.out.println(fmt.format(cal.getTime())); // 出力値：1582-10-15
```

1582 年 10 月 4 日の翌日は 1582 年 10 月 15 日になります．ユリウス暦からグレゴリオ暦に切り替わったときに 10 日間が失われたからです[15]（切り替えた時期は地域によって違います．日本の場合，切り替わったのは 1873 年 1 月 1 日なので，この処理は間違いです）．

演習： Java が使っているカレンダーの種類を調べてください[16]（ヒント：Calendar オブジェクトのメソッド getName() を呼び出します）．

A.3 例外

例外的な状況に対処する仕組みが「例外」です．

例外の処理方法を調べるために，例外をわざと発生させてみます．先に作った Hello.java で，String オブジェクトを作らずにメソッドを呼び出してみます．

```
String str1 = null;
System.out.println(str1.length());
System.out.println("Hello World!");
```

---

15) Duncan『暦をつくった人々』（河出書房新社, 1998）

16) Calendar は抽象クラスなので，実際に利用するのはこれを継承した具象クラスです．Java 6 で実装されている Calendar の具象クラスは java.util.GregorianCalendar と java.util.JapaneseImperialCalendar, sun.util.BuddhistCalendar（対応ロケールは "th_TH"）だけです．

str1 はオブジェクトではないため，メソッド length() を呼び出すことはできません．しかし，型の情報（つまり str1 がメソッド length() をもつクラスのオブジェクトであること）は正しいため，コンパイル時にはこのエラーは検出されず，実行時に例外が発生し，プログラムは強制的に終了します（"Hello World!" とは表示されません）．

演習： このコードを実行し，どのような例外が発生するか調べてください．

例外への対処には try ブロックを使います．次のようなコードで，先に発生した例外を処理できます．プログラムは強制終了されません（"Hello World!" と表示されます）．

```
String str1 = null;
try {
  System.out.println(str1.length());
} catch(Exception e) {
  System.out.println("例外発生：" + e.getMessage());
}
System.out.println("Hello World!");
```

例外が発生すると，処理はその時点で中断し，プログラムの制御が分岐します[17]．つまり，try ブロックの残りの処理は無視され，プログラムの制御は catch ブロックに移ります[18]．

例外については A.5.1 項も参照してください．

A.4 コレクション

複数のオブジェクトをまとめて管理したいということがよくあります．そういうときに利用するのがコレクションです．コレクションには，代表的なものがいくつかあり（表 A.2），それらを自在に使えるようになっておくことはとても重要です[19]．

「データ構造とアルゴリズム」を学んだことのある人は，リストやハッシュテーブルを，C 言語でポインタを使って実装したことがあるかもしれません．しかし，今日のソフトウェア開発の現場で，これらの基本的なデータ構造を自分で実装するということはまずありません．たいていのものはすでにあり，よくテストされているからです．すでに実装されているのなら，それを使わない手はありま

表 A.2　代表的なコレクション

計算機科学での用語	Java	C++
配列	配列	配列
ベクタ	ArrayList	vector
リスト	LinkedList	list
セット	HashSet, TreeSet	unordered_set, set
マップ	HashMap, TreeMap	unordered_map, map

---

17) 例外が発生して処理が分岐したとしても，必ず実行したいような処理がある場合には finally ブロックを使います．

18) この例の catch ブロックはすべての例外をキャッチします．なぜなら，catch のパラメータの型が Exception で，これはすべての例外のスーパークラスだからです．例外の種類が複数の場合，対応する catch ブロックを複数書いて処理を分けることもできます．

19) 忘れたときに備えて，"Collections Framework"（http://java.sun.com/javase/ja/6/docs/ja/technotes/guides/collections/index.html）をブックマークなどに登録しておきましょう（このページは，"java collections framework" で検索すれば見つかります）．

せん．自分で実装するのもトレーニングにはなりますが，手間がかかりますし，バグがある可能性も大きいです．

A.4.1 配列

「複数のオブジェクトをまとめて管理する」といわれて最初に思いつくのは配列です[20]．配列の使い方はA.1節で紹介しました．

配列の利点は「`int[] a = {1, 2, 3};`」のような配列リテラルがあること，欠点はサイズを変えられないことです．ですから，一定数の要素を手軽にまとめたいときに配列を使うといいでしょう．

A.4.2 ArrayList

サイズを変えられないという配列の欠点を回避したいときはベクタを使います（図A.2）．Javaのベクタは`java.util.ArrayList`です[21]．毎回このように書くのは面倒なので，ソースコードの最初に「`import java.util.*;`」と書いておきます．こうすれば，単に`ArrayList`と書くだけでよくなります．`ArrayList`には，要素を追加するためのメソッド`add()`や，要素を削除するためのメソッド`remove()`があり，これらを利用してサイズを変えることができます．以下のように使います．

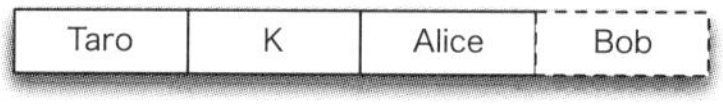

| Taro | K | Alice | Bob |

図A.2 ベクタ（`ArrayList`）の概念図

```
ArrayList<String> members = new ArrayList<String>();
members.add("Taro");
members.add("K");
members.add("Alice");
members.add("Bob");
System.out.println(Arrays.toString(members.toArray()));
```

`String`オブジェクトを要素とする`ArrayList`なので，生成時に`<String>`として要素の型を指定しています．

すべての全要素を表示したいときには，`Arrays.toString()`を使うのが便利なのですが，このメソッドの引数は配列でなければならないので，メソッド`toArray()`を使ってコレクションを配列に変換しています．

演習：API仕様を参照して，メソッド`remove()`を使う例を作ってください．

`ArrayList`の利点はサイズを変えられる配列として使えること，欠点は要素の挿入や削除が遅いことです．`ArrayList`の要素は図A.2のようにメモリ上に一列に並んでいなければならないので，要素を挿入したい場合には，挿入場所の後ろの要素をすべてずらさなければなりません．ですから，サイズを変えられる配列が必要で，要素の挿入や削除をあまり行わない場合に`ArrayList`を使うといいでしょう．

---

20) 厳密にいえば，配列はCollections Frameworkの要素ではありません．そのため，後で紹介するアルゴリズムは，配列用とコレクション用が別々に実装されています．コレクションと違って，配列はオブジェクトだけではなく基本型もその要素にすることができます．

21) http://java.sun.com/javase/ja/6/docs/ja/api/java/util/ArrayList.html

A.4.3 LinkedList

要素の追加や削除ができないという配列の欠点を回避したいときはリストを使います（図 A.3）。Java のリストは java.util.LinkedList です[22]。以下のように使います。

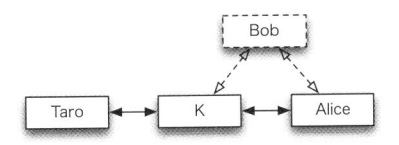

図 A.3　リスト（LinkedList）の概念図

```
LinkedList<String> people=new LinkedList<String>();
people.add("Taro");
people.add("K");
people.add("Alice");
people.add("Bob");
System.out.println(Arrays.toString(people.toArray()));
```

LinkedList の利点は要素の追加や削除が高速なことです。LinkedList の各要素は図 A.3 のように連結しているので、矢印を付け替えるだけで要素を挿入できます。LinkedList の欠点は番号を指定してのアクセス（people.get(i)）が遅いことです。ですから、要素の追加や削除が頻繁に起こり、番号を指定してアクセスすることはあまりないような場合に LinkedList を使うといいでしょう。

ここまでみてきたように、ArrayList と LinkedList は、使い方はほぼ同じでも、場合によって性能が大きく変わります。そのため、はじめは LinkedList を使うように実装したプログラムを、あとで ArrayList を使うように書き換えたくなることが起こり得ます（逆も同様です）。このような状況に備えて、コレクションの型を List と宣言しておけば、修正は容易になります。つまり、member や people は、次のように宣言しておいた方がいいのです[23]。

```
List<String> members = new ArrayList<String>();

List<String> people = new LinkedList<String>();
```

演習：List と宣言することの利点を考えてください。たとえば、あるメソッドの引数として ArrayList や LinkedList を使う場合、メソッドはどのように宣言しておくとよいでしょうか。

演習：List は「クラス」ではなく「インターフェース」であることを、API 仕様で確認してください。

A.4.4　ループの書き方

コレクションの要素に関するループは、次のように書きます。people の要素を name という名前で一つずつ取り出して処理します。

---

[22] http://java.sun.com/javase/ja/6/docs/ja/api/java/util/LinkedList.html

[23] オブジェクトの宣言は、「クラス名 オブジェクト名」だけでなく、「インターフェース名 オブジェクト名」でもよいのです。ライブラリを使う際には、このような形でオブジェクトを宣言することがよくあります。インターフェース名でオブジェクトを生成することはできませんから、ここでの例では new の後はクラス名になっています。

```
for (String name : people) {
  System.out.println(name);
}
```

Java 1.4 までは，ループは次のように書かなければなりませんでした．このようなループを書く必要はあまりありませんが，古いコードの中にはこのようなループも存在するので，読めるようにしておく必要があります．

```
Iterator iterator = people.iterator();
while (iterator.hasNext()) {
  String name = (String) iterator.next();
  System.out.println(name);
}
```

ループを次のように書いてはいけません．`ArrayList` ならばいいのですが，`LinkedList` でこのような書き方をするととても遅くなってしまうからです（`LinkedList` において，番号で指定された要素にアクセスするためには，先頭から順に矢印をたどっていかなければなりません）．

```
for (int i = 0; i < people.size(); i++) {
  String name = people.get(i);
  System.out.println(name);
}
```

A.4.5 HashSet

配列と `ArrayList`，`LinkedList` で名前を管理する例を紹介してきましたが，実際に "Taro" という名前がコレクションに含まれているかどうかを知りたいという場合には，先頭から順番に調べていくしかありません．要素数が少ないうちはそれでもいいのですが，要素数が多くなると，その手続きにとても時間がかかり，実用的ではなくなります．

特定のオブジェクトが存在するかどうかを速く調べたいときにはセットを使います（図 A.4）．Java のセットは `java.util.HashSet` です[24]．以下のように使います．

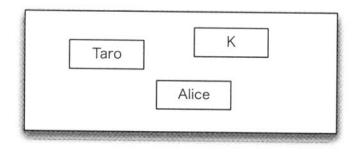

図 A.4 セット（HashSet）の概念図

```
Set<String> citizens = new HashSet<String>();
citizens.add("Taro");
citizens.add("K");
citizens.add("Alice");
if (citizens.contains("K")) {
  System.out.println("YES");
}
```

---

[24] http://java.sun.com/javase/ja/6/docs/ja/api/java/util/HashSet.html

HashSetの利点は検索が速いこと，欠点は順番の概念がないことです．ですから，順番の概念はいらないけれど検索は速くしたいという場合にHashSetを使うといいでしょう．

A.4.6 HashMap

配列は[4]のような添え字で，ArrayListとLinkedListはget(4)のようなメソッドで要素にアクセスできるので，これらは要素に0以上の整数を対応づけたコレクションと見なすことができます．これを一般化して，要素に整数以外のオブジェクトを対応付けたいことがあります．そのような場合にはマップを使います（図A.5）．Javaのマップはjava.util.HashMapです[25]．以下のように使います．

```
Map<String, String> dictionary = new HashMap<String, String>();
dictionary.put("intellect", "知性");
dictionary.put("conscience", "良心");
dictionary.put("tradition", "伝統");
dictionary.put("tradition", "伝説");
System.out.println(dictionary.get("tradition"));
```

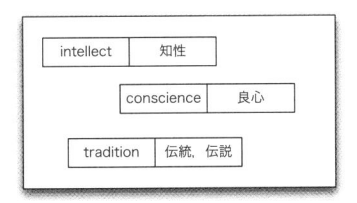

図 A.5 マップ（HashMap）の概念図

オブジェクト（キー）とオブジェクト（バリュー）のペアを管理したいときにMapを使います．同じキーに対して複数のバリューを対応づけることはできないことに注意してください（上の例の出力は「伝説」になります）．一つのキーに複数のバリューを対応づけたいときには，バリューをコレクションにするといいでしょう．

A.4.7 アルゴリズム

複数の要素を管理するためにはコレクションだけでは不十分で，コレクションのためのアルゴリズムが不可欠です．Javaにはコレクションのためのさまざまなアルゴリズムが用意されています．それらの中から，ここではソーティング（並び替え）を紹介します．

大切なことは，「ソーティングを自分で実装しない」ということです．アルゴリズムを勉強するときには，ソーティングを実装してみることはとても大切です．しかし，ソーティングのような基本的な操作でも，バグがなく，パフォーマンスが高いものを実装するのは，簡単なことではありません．ライブラリとして提供されているソーティングは，多くの人によってテストされ，パフォーマンスも保証されているので，これを使うようにします．

ソーティングは，ArraysとCollectionsという二つのクラスで実装されています．Arraysは配列に対するアルゴリズムを提供し，Collectionsはコレクションに対するアルゴリズムを提供します．

---

25) http://java.sun.com/javase/ja/6/docs/ja/api/java/util/HashMap.html

まず，配列をソートしてみましょう．

```
int[] samples = {5, 3, 2, 4, 1};
Arrays.sort(samples);
System.out.println(Arrays.toString(samples)); // 出力値：[1, 2, 3, 4, 5]
```

このように，とても簡単に並び替えを実現できます．

コレクションのソートも同様です（`int` 型はコレクションの要素にはなれないので，対応するクラスである `Integer` を使います）．

```
List<Integer> list=new LinkedList<Integer>();
list.add(5);
list.add(1);
list.add(10);
Collections.sort(list);
System.out.println(Arrays.toString(list.toArray())); // 出力値：[1, 5, 10]
```

演習：`Collections` のメソッドを調べて，ソートした結果を反転させる方法を見つけて試してください．

演習：配列あるいはコレクションの中から，最大値と最小値を見つける方法を見つけて試してください．

A.5 クラス

　C 言語には，複数の変数を一つにまとめた構造体というものがありました．Java には，データと操作を一つにまとめたオブジェクトというものがあります．データの実装は int や double などの基本型あるいはオブジェクト型のフィールド，操作の実装はメソッド（C 言語の関数のようなもの）です．

A.5.1 クラスの作成

　オブジェクトを定義するのがクラスです．例として，`firstName`, `lastName` というフィールドと `run()` というメソッドをもつクラス `Person` を考えましょう（クラス名の先頭は大文字，フィールド名・メソッド名の先頭は小文字にするのが慣例です）．`Person` などというありふれた名前のクラスをそのまま使うと名前が衝突するおそれがあるので，`mypackage` というパッケージを用意し，その中で `Person` を宣言することにします．クラスについて説明するときは，図 A.6 のような UML クラス図を書くのが一般的です[26]．

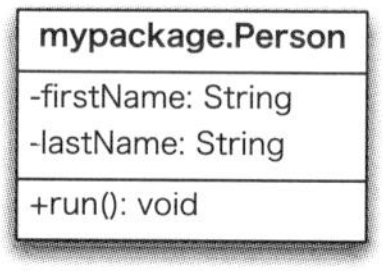

```
mypackage.Person
-firstName: String
-lastName: String
+run(): void
```

図 A.6　mypackage.Person のクラス図（上から，クラス名・フィールド・メソッド）

クラス図において，フィールド名やメソッド名の前に付いている記号（「-」や「+」）は可視性を表します（表 A.3）．

---

[26] UML についてコンパクトにまとまっている書籍としては，Fowler『UML モデリングのエッセンス』（翔泳社，第 3 版，2005）が有名です．

A.5 クラス　付録A

表 A.3　変数やメソッドの可視性

UML	宣言	意味
-	private	そのクラスからのみアクセスできる
#	protected	そのクラスおよびサブクラス，同じパッケージ内のクラスからのみアクセスできる（サブクラスについては A.5.2 項を参照）
	なし	同じパッケージ内のクラスからのみアクセスできる
+	public	どこからでもアクセスできる

▶ 統合開発環境上での実装

A.1 節と同様の方法で，クラス Person を作成してから先に進んでください（パッケージを mypackage とします）．

フィールド firstName と lastName，メソッド run() を実装すると，コードは次のようになります．

```
package mypackage;

public class Person {
  private String firstName;
  private String lastName;

  public void run() {
    System.out.printf("Run! %s!\n", firstName);
  }
}
```

▶ アクセッサ

フィールド firstName や lastName を操作するためのメソッドを実装します．フィールドはメソッドを通じて操作することになっています．値を設定するメソッドをセッター，値を取得するメソッドをゲッター，両者を併せてアクセッサとよびます．これらをいちいち実装せずに，「thePerson.firstName」などとして直接操作すれば便利だと思うかもしれません．変数の宣言を「public String firstName;」などとすればそれが可能です．この考え方は間違ってはいませんが，変数は private にし，アクセッサを用意するのが慣習になっていて，ここではそれに従うことにします．アクセッサのあるフィールドをプロパティとよびます．

NetBeans や Eclipse ではアクセッサを自動的に生成できます．NetBeans ならソースコード上で「右クリック→コードを挿入→取得メソッドおよび設定メソッドの生成」とすることによって，次のようなアクセッサが生成されます（this というのは「このオブジェクト」のことです．混乱するおそれのない場合には省略することができます）．Eclipse なら「右クリック→ Source → Generate Getters and Setters」です．

```
public String getFirstName() {
  return firstName;
}

public void setFirstName(String firstName) {
  this.firstName = firstName;
}

public String getLastName() {
  return lastName;
}
```

```
        public void setLastName(String lastName) {
          this.lastName = lastName;
        }
```

演習：完成したクラスの UML クラス図を描いてください．

▶ クラスの動作確認

クラス Person の動作確認のためのクラス PersonTest を作成し，次のようなメソッド main() を実装します[27]．

```
package mypackage;

public class PersonTest {

  public static void main(String[] args) {
    Person taro = new Person();
    taro.setFirstName("Taro");
    taro.run();
  }
}
```

オブジェクトの定義（クラス）をもとにオブジェクト taro を生成し，生成されたオブジェクトのメソッドを呼び出します[28]．オブジェクト taro をクラス Person の「インスタンス」とよぶことがあります．

実行すると，コンソールに「Run! Taro!」と表示されます．

演習：クラスとインスタンスの違いを説明してください．

▶ 例外を投げるメソッド

Person のメソッド run() を次のように書き換えると，例外を投げるメソッドになります．

```
public void run() throws Exception {
  System.out.printf("Run!  %s!\n", firstName);
}
```

このメソッドは例外を投げることがわかっているので，PersonTest で呼び出す際にも，例外への備えが必要になります．つまり，メソッド main() を次のように修正しなければなりません．

```
public static void main(String[] args) {
  Person taro=new Person();
  taro.setFirstName("Taro");
  try {
    taro.run();
  } catch (Exception ex) {
    ex.printStackTrace();
  }
}
```

Java プログラマは，例外に対応するコードをどこかに必ず書かなければなりません．あるメソッドの中で例外が発生する可能性があるとき，それをそのメソッド内で処理するなら，try-catch ブ

---

27) Person 自身にメソッド main() を実装し，その中でテストしてもかまいません．
28) メソッドの「.」を使った呼び出し方は，C 言語の構造体に似ていますが，「->」は使いません．

ロックを使います．そのメソッド内で処理しないなら，メソッドの宣言の最初に「throws 例外クラス名」と書いておいて，呼び出し側に例外処理を強制します．

▶ コンストラクタ

オブジェクトの生成時に，フィールドを初期化するなどの処理をさせたい場合には，コンストラクタを利用します[29]．コンストラクタは初期化のために用いられる特殊なメソッドで，その名前はクラス名と同じ，戻り値はありません（void と書いてもいけません）．ただし，こういうことを憶える必要はありません．間違えたら，NetBeans や Eclipse がエラーメッセージを出してくれます．

上で試した Person() もコンストラクタです．このような，引数のないコンストラクタはデフォルトコンストラクタとよばれます．先の例では Person() は実装していませんが，そういう場合には自動的に用意されます．つまり，特別な処理を必要としないなら，デフォルトコンストラクタを実装する必要はありません．

ここでは試しに，オブジェクトの生成時に firstName と lastName を初期化できるようなコンストラクタを実装します．次のようなコードを追加します．

```
public Person(String firstName, String lastName) {
  this.firstName = firstName;
  this.lastName = lastName;
}
```

この例のように，メソッドのパラメータとフィールドの名前が同じ場合は，フィールドには「this.」を付けてアクセスするようにして区別します．

演習：new Person() と new Person("Taro", "YABUKI") の両方が使えるようにし，動作を確認してください（ヒント：コンストラクタが何もないときは，デフォルトコンストラクタが自動生成されます．コンストラクタがあるときに，デフォルトコンストラクタを使いたいときは，それも実装しなければなりません）．

▶ 生年月日

A.2.2 項を参考にして，クラス Person に，フィールド birthday を追加します．

```
private Calendar birthday = Calendar.getInstance();
```

補助的なメソッドも実装します．

```
public void setBirthday(int year, int month, int date) {
  birthday.set(year, month - 1, date, 0, 0, 0); //1月が0だから
}
public Calendar getBirthday() {
  return birthday;
}
public int getYear() {
  return birthday.get(Calendar.YEAR);
}
public int getMonth() {
  return birthday.get(Calendar.MONTH) + 1;
}
```

---

[29] これは Java での話であって，別のプログラミング言語では用語の意味するものが異なる場合があります．たとえば，JavaScript はオブジェクト指向言語で，「コンストラクタ」はありますが，「クラス」はありません．

```
public int getDate() {
  return birthday.get(Calendar.DAY_OF_MONTH);
}
public int getAge() {
  Calendar today = Calendar.getInstance();
  int year = today.get(Calendar.YEAR);
  int month = today.get(Calendar.MONTH);
  int date = today.get(Calendar.DAY_OF_MONTH);

  if (getMonth() < month) return year - getYear();
  if (getMonth() > month) return year - getYear() - 1;
  if (getDate() <= date) return year - getYear();
  return year - getYear() - 1;
}
```

この段階で Person のクラス図は図 A.7 のようになっています．

mypackage.Person
-firstName: String
-lastName: String
-birthday: Calendar
+run(): void
+setBirthday(year,month,date): void
+getBirthday(): Calendar
+getYear(): int
+getMonth(): int
+getDate(): int
+getAge(): int
+他のアクセッサ

図 A.7　生年月日をフィールドとしてもつクラス Person

演習：整数型のフィールド age をもつのではなく，getAge() で年齢を計算する理由を考えてください．

A.5.2　継承

すでにあるクラスをひな形に新たなクラスを作るのが継承です．例として，Person をひな形にして Labor というクラスを作りたいとします．Labor には Person にはないフィールド salary を加え，メソッド run() には Person とは違う機能を割り当てましょう．UML クラス図は図 A.8 のようになります．このとき，Person は Labor のスーパークラス，Labor は Person のサブクラスとよびます[30]．

クラス生成ウィザードでスーパークラスを Person として生成される枠組みにコードを追加します．@Override というのは，スーパークラスのメソッドを上書き（オーバーライド）していることを示すアノテーションです（この記述は必須ではありません）．

```
package mypackage;

public class Labor extends Person {
  int salary;
```

---

[30] 両者の関係は，基底クラスと派生クラス，親クラスと子クラスともよばれます．

```java
    @Override
    public void run() {
      System.out.printf("Run!  %s!  Run!\n", getFirstName());
    }
  }
```

演習：フィールド salary のためのアクセッサを用意し，Labor が正しく動作することを確認してください．

演習：Labor を一から新たに作るのではなく，Person を継承して作ったほうがよい理由を考えてください．

演習：protected として宣言したフィールドやメソッドが，実際に protected であることを確認するような例を作ってください．

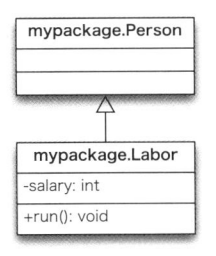

図 A.8　Person を継承するクラス Labor

A.5.3　コレクションの活用

　Person オブジェクトを年齢（age）でソートすることを考えましょう．次のようにして，複数の Person オブジェクトが people に入っているとします（コンストラクタを実装するなどして属性を設定してください）．

```
List<Person> people = new LinkedList<Person>();
people.add(new Person("Yabuki", "Taro", 1976, 1, 5));
people.add(new Person("T", "K", 1981, 1, 28));
people.add(new Person("Y", "M", 1948, 5, 26));
```

　このリストは，A.4.7 項の例のように，「Collections.sort(people)」でソートすることはできません．二つの Person オブジェクトをどのように比較したらよいかがわからないからです．

　そこで，比較の方法をアルゴリズムに与えます．そのために，compare というメソッドを宣言します[31]．「compare(a, b)」の戻り値は，a より b が前なら負，同じなら 0，後なら正になるようにします．

　ここでは年齢で並び替えればよいのですから，次のように書けばソートできます[32]．

---

[31]　Integer や String の場合に comparator が不要だったのは，これらがインターフェース Comparable を実装しているために，メソッド compareTo() をもち，これによって比較ができるようになっているからです．比較は常に年齢に基づいて行うものではないため，Person に Comparable を実装することはしません．

[32]　Comparator はインターフェースです．通常，インターフェース名は new の直後には書きません．この例は，無名インナークラスの生成という特殊なケースです．

```
Collections.sort(people,
      new Comparator<Person>() {

        public int compare(Person a, Person b) {
          return a.getAge() - b.getAge();
        }
      });
```

演習：上のコードで people がソートされることを確認してください．

演習：「整数の配列を降順でソートする」という問題を，独自のメソッド compare() によって解決してください．

付録 B 文字コード

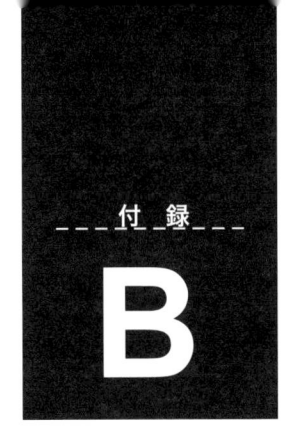

私は宣言する．もしあなたが 21 世紀において仕事をしているプログラマであり，キャラクタ，キャラクタセット，エンコーディング，Unicode の基本について知らないのであれば，私はあなたをひっ捕まえて，潜水艦で 6 か月のたまねぎ剥きの刑に処する．—Joel Spolsky『Joel on Software』（オーム社, 2005）

B.1 文字コードとは何か

コンピュータが扱えるデータは，突き詰めればバイト列（ビット列）だけです．人間が何気なく扱っている「文字（キャラクタ）」も，コンピュータで扱うためにはバイト列で表さなければなりません．文字をバイト列で表す方法はいろいろ考えられますが，最も一般的なのは文字コードを利用する方法です．

表 B.1 主要な文字コード

文字コード	文字集合	符号化方式	補足
ASCII			最も普及している文字コード．7 ビットの空間で 128 文字を表現する．制御文字と空白を除くと 94 文字．（図 6.5 p. 81）
ISO-8859-1			ASCII（94 文字）と西ヨーロッパ文字（96 文字）を合わせたもの．Latin 1 ともよばれる．
JIS X 0201			ASCII（一部変更）にいわゆる「半角カナ」を追加したもの．特殊文字を除くと 158 文字（空白を含む）．
ISO-2022-JP	JIS X 0201 + 208	ISO-2022	JIS X 0201 の半角カナは含まない．日本語のメールではこの文字コードがよく用いられる．ISO の規格ではない．JIS コードともよばれるが，JIS 規格でもない．
EUC-JP	JIS X 0201 + 0208 + 0212	ISO-2022	Unix などでよく使われていた文字コード．
Shift_JIS	JIS X 0201 + 0208	Shift_JIS	名称に JIS とあるが，JIS 規格ではない．日本の PC のデファクト．間違って Shift_JIS とよばれることが多い．
Windows-31J	JIS X 0201 + 0208 + 特殊文字	Shift_JIS	
UTF-8	Unicode 文字集合	UTF-8	ASCII をバイトレベルで包含するが，漢字は 1 文字あたり 3 バイト以上必要．
UTF-16	Unicode 文字集合	UTF-16	2 バイトあるいは 4 バイトで 1 文字を表す．

付録 B　文字コード

文字コードとは，文字集合とその符号化方式の組のことです．符号化文字集合ともよばれます．文字集合は文字どおり文字の集合[1]，符号化方式は文字集合内の文字への番号の振り方です．主要な文字コードを表 B.1 に，主要な文字集合を表 B.2 にまとめました．

表 B.2　主要な文字集合

文字集合	収録文字数	補足
常用漢字	2,136	常用漢字表（文化庁：http://www.bunka.go.jp/kokugo_nihongo/kokujikunrei_h221130.html）．円満字二郎『常用漢字の事件簿』（日本放送出版協会，2010）を参照．
教育漢字	1,006	常用漢字の一部．学年別漢字配当表（http://www.mext.go.jp/b_menu/shuppan/sonota/990301b/990301d.htm）
人名用漢字	861	Wikipedia の人名用漢字の項（http://ja.wikipedia.org/wiki/%E4%BA%BA%E5%90%8D%E7%94%A8%E6%BC%A2%E5%AD%97）を参照．
JIS X 0208:1997	6,879	漢字（第 1・第 2 水準）は 6355 字．
JIS X 0212	6,067	補助漢字ともよばれる．漢字は 5,801 字．JIS X 0213 と同時には使われない．
JIS X 0213:2004	11,233	漢字（第 1〜4 水準）は 10,050 字．いわゆる JIS 漢字．
UCS, Unicode 6.0.0	109,449	UCS（Universal multi-octet coded Character Set，国際文字集合，ISO/IEC 10646）と Unicode (http://www.unicode.org/) は同じものだと考えてよい．"Unicode and ISO 10646"（http://www.unicode.org/faq/unicode_iso.html）を参照．U+Unicode スカラー値の形で文字を指す．その空間は U+00000000 から U+7FFFFFFF まで用意されているが，まだ埋まってはいない．http://standards.iso.org/ittf/PubliclyAvailableStandards/index.html から ISO/IEC 10646 の規格票（PDF）をダウンロードできる．この規格の日本版が JIS X 0221 である．Java 6 がサポートするのは Unicode 4.0，Java 7 は Unicode 6.0 をサポートする予定である．
Adobe-Japan1-5	20,317	文字集合というよりは図形（グリフ）集合．JIS では包摂によって同じ文字と見なされるようなものが別々に登録され，CID（Character Identifier）という番号が振られている．Unicode に収録されている文字に関しては，CID と Unicode の関係（多対 1）が決められているため（CMap），Unicode で検索することもできる．JIS 漢字は全て含んでいる．OpenType フォントで名前に "Pro" が付くものはこの文字集合に対応している．
Adobe-Japan1-6	23,058	Adobe-Japan1-5 に JIS X 0212 の漢字などが加わっている（http://www.adobe.com/devnet/font/pdfs/5078.Adobe-Japan1-6.pdf）．本書執筆時点でこの文字集合に対応しているフォントは，Adobe Reader 用に無料で配布されている小塚明朝 Pro-VI と小塚ゴシック Pro-VI などごくわずかである．

B.2　どの文字集合を使うべきか

文字集合を考える際にはまず，文字を「字体」という抽象概念で特定できるものだと考えます．字体の具体的な図形表現が「字形」です．たとえば，表 B.3 の 2 種の「高」は，字体は同じですが字形は異なります．どの程度の範囲の違いまでを同じ字体とみなすかの基準を「包摂規準」といいます．

---

[1] 集合とはいっても番号を振って定義されているものが多いです．そういう意味では文字コードだともいえます．このあたりは厳密に使い分けられているわけではありません．たとえば，ASCII は文字コードの意味でも文字集合の意味でも使われます．

文字コードの議論では必ず出てくる，いわゆる三大人名外字（表 B.3）のうち，「高」と「吉」は，JIS 規格の包摂規準では区別されません（包摂できないものでも同じ字と見なされるものは「異体字」とよばれます．また，字体が同じでも意味の違う字がありますが，JIS 規格においては区別されません）．

表 B.3 のように，JIS では同じ文字と見なされているものに，Unicode や Windows-31J では別々のコードが振られているため，話が複雑になります．「髙島屋」を検索しようと思ったときに，どちらの文字を使えばよいでしょうか．この2文字が同じ文字だということを検索エンジンが知っていればよいのですが，そうでない場合には，期待どおりの結果が得られない可能性があります．文字数が増えればそれだけ，そのような情報を共有するのが困難になります．「とにかくたくさんの字体を収録して，あとは情報処理技術に任せればよい」というのは空論です．そもそも，（康熙字典で）活字になるまでは「ハシゴ高」が使われていたというだけなので[2]，表 B.3 のように，書体を明朝体にしたときは「クチ高」を，楷書体にしたときは「ハシゴ高」を表示すればよいのです（高島屋百貨店は，看板には「ハシゴ高」を，ホームページでは一部例外を除いて「クチ高」を使っています）．

表 B.3　いわゆる三大人名外字

	高	髙	吉	𠮷	崎	﨑
JIS X 0213	1-25-66		1-21-40		1-26-74	1-47-82
Unicode	U+9AD8	U+9AD9	U+5409	U+20BB7	U+5D0E	U+FA11
Windows-31J	0x8D82	0xFBFC	0x8B67		0x8DE8	0x9892

ウェブアプリを含めてウェブ上での情報流通を考える際には，文字どおり「情報を流通させること」を最優先に考えるべきです．漢字の数を減らすべきだというわけではありません．日本中の鈴木さんのように，「書体差を超えて同一の文字種を"渡って"いける能力」[3]が必要なのです．字体の問題が顕著になるのは人名においてですが，個人のアイデンティティと字体の間にはほとんど関係はないと思われます．自分の名前で「g」の字体にこだわるという話は聞いたことがありません（重力加速度には「g」と使うという話もあるようですが，どちらでも通用するでしょう）．

この意味で，Unicode には文字が多すぎます．それでも次節で述べるように，今日のウェブに Unicode 以外の選択肢はありませんから，どうにかして折り合いを付けなければなりません（Adobe-Japan1-5 のような，コードは同じでも字体を使い分けられる仕組みが一つの解になります）．

本書では，「JIS X 0213 で区別されている」という基準を勧めます．その基準にあっているかどうかは，使えるかどうかとは無関係です．すでにみたように，JIS X 0213 に収録されていない文字でも Unicode や Windows-31J では利用できるものがあるため，「使えるかどうか」を調べても意味がないからです．

JIS X 0213 に収録されているかどうかは規格そのものや，芝野耕司『JIS 漢字字典』（日本規格協会，増補改訂版，2002）にあたるのが確実ですが，これらが手元にない場合は次のように調べます．

1. Unihan Database Search Page（http://www.unicode.org/charts/unihansearch.html）にいく．

---

[2] 江守賢治『字体辞典』（三省堂，1986）
[3] 府川充男「当今「漢字問題」鄙見」（『漢字問題と文字コード』（太田出版，1999）に収録）

2. 検索方法を "Japanese Kun"（訓読み）にして "takai" を検索する．
3. 検索結果の中から「高」を探してクリックする．
4. "IRG Sources" の "kIRG JSource" の値を調べる（図 B.1 のように，この値が J0 か J3, J4 で始まっていればよい）．

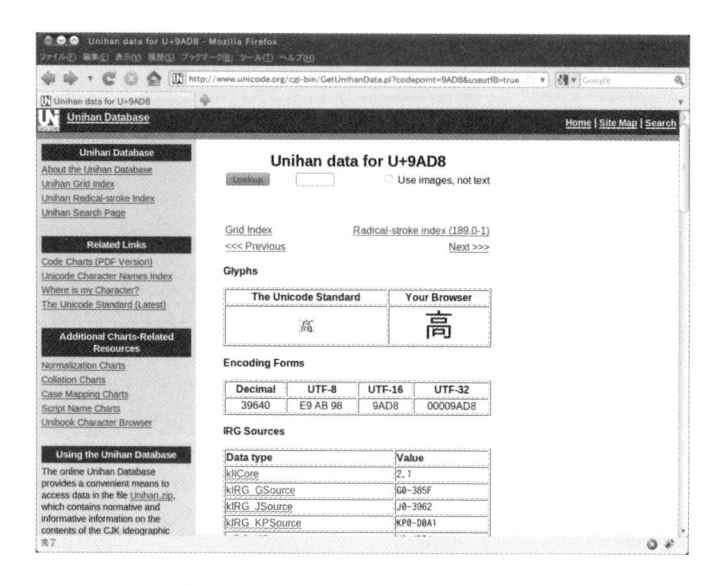

図 B.1 Unihan Database での「クチ高」

このようにして，「高」は JIS X 0213 に収録されていることがわかります．同じように調べると，「ハシゴ高」は JIS X 0213 には収録されていないことがわかります（正確にいえば，「ハシゴ高」は JIS X 0213 に収録されていますが，「クチ高」と区別されていません）．つまり，「JIS X 0213 で区別されている」という基準のもとでは，「ハシゴ高」は使うべきではありません（「クチ高」の位置に「ハシゴ高」の字形が登録されているような楷書体フォントがあればいいのですが，そのようなフォントを筆者は知りません）．

もちろん，JIS 漢字にも問題がまったくないわけではありません[4]．しかし，漢字は数がとても多いため，誰もが満足する完璧な規準を作るのはほとんど不可能でしょう．次善の策として，最もよく調査されていると思われる JIS X 0213 をここでは推奨します．

B.3 文字コードの統一

ウェブアプリにおいて，文字化けが起こらないようにするためには，システム内で唯一の文字コードを利用することです．本書で利用する文字コードは UTF-8（文字集合 Unicode を符号化方式 UTF-8 で利用する文字コード）に統一しています[5]．

そもそも，なぜ Unicode を使わなければならないのでしょうか．

---

[4] 意味が同じでも別々に登録されている「JIS 参照文字」はたくさんあります．
[5] Java の内部は UTF-16 であるため，U+10000 以降の文字を扱う際には注意が必要になります．たとえば，U+10000 以降の文字を含む文字列 `str` の長さは，`str.length()` ではなく，`str.codePointCount(0, str.length())` としないと得られません．

日本語だけならば，Windows-31J でもかまわないのです[6]．しかし，たとえば一つの文書の中で日本語と韓国語を混在させたい場合には，どうしたらいいでしょうか．そのためには，日本語の文字と韓国語の文字の両方が含まれた文字集合を使わなければなりません．そのような文字集合で実用的なのは Unicode 文字集合だけです．ウェブは多言語の世界ですから，うまく情報を流通させるためには，Unicode を使うしかないのです．

以下では，本書で作成するウェブアプリの構成要素が利用する文字コードを UTF-8 に統一する方法を紹介します．

B.3.1 HTML と CSS

HTML ファイルの文字コードは，head 要素の中で以下のように指定します[7]．HTML ファイルはここで指定した文字コードで保存しなければなりません（本書で利用している NetBeans や Eclipse で HTML ファイルを生成すれば，自動的にそうなります）．

```
<meta http-equiv="Content-Type" content="text/html; charset=UTF-8" />
```

CSS ファイルの文字コードは，ファイルの先頭で次のように指定します．

```
@charset "utf-8";
```

B.3.2 サーブレットと JSP

JSP ファイルの文字コードは，ファイルの先頭で以下のように指定します．JSP が生成する HTML 文書の head 要素には，前項で述べた meta 要素を書きます．JSP ファイルはここで指定した文字コードで保存しなければなりません（本書で利用している NetBeans や Eclipse で JSP ファイルを生成すれば，自動的にそうなります）．

```
<%@page contentType="text/html" pageEncoding="UTF-8"%>
```

クライアントから送信された文字列データは，サーバ側で処理する際に，以下のようにして文字コードを指定します．

```
request.setCharacterEncoding("UTF-8");
```

文字に変換できなかったものは 0xFFFD になるので，「0 <= str.indexOf(0xFFFD)」という条件をチェックすれば，送信データに不正なものが含まれているかどうかを検査できます．

本書で利用しているアプリケーションサーバ（GlassFish）では，この方法で GET と POST の両方に対応できますが，別のサーブレットコンテナである Tomcat では，GET のパラメータの文字コードの指定に setCharacterEncoding() は使えません．そういう場合には，ISO-8859-1 の文字

---

[6] 区別すべきでない文字を区別していたり，重複文字があったりするので，問題がないとはいえません．

[7] HTML5 では「<meta charset="utf-8" />」となります．「Content-Type: text/html; charset=UTF-8;」というレスポンスヘッダ (p. 64 の表 5.3) で文字コードを設定すればそれが優先されますが，通常は HTML 文書内での指定だけで十分でしょう．charset で使う名称は IANA (Internet Assigned Number Authority) のドキュメント (http://www.iana.org/assignments/character-sets) を参照してください．

列として取得されるので，次のような手順で，一度バイト列に戻してから UTF-8 の文字列に変換します．

1. 文字を取り出す．「request.getParameter(パラメータ名)」
2. バイト列に戻す．「getBytes("ISO8859_1")」
3. UTF-8 のものだとして，文字列に変換する．「new String(..., "UTF-8")」

つまり，次のようにして文字列を取り出します．

```
String str = request.getParameter(パラメータ名);
if (str != null) {
  str = new String(str.getBytes("ISO8859_1"), "UTF-8");
}
```

B.3.3 PHP

PHP では，以下の手順によって文字コードを UTF-8 に統一できます．

- ファイルの文字コードを UTF-8 にする．
- PHP が生成する HTML 文書の文字コード（レスポンスヘッダか meta 要素で指定）を UTF-8 にする．
- 「mb_internal_encoding('UTF-8');」を実行する．

「!mb_check_encoding(文字列)」という条件をチェックすれば，文字列中に不正なデータがあるかどうかを検査できます．

B.3.4 MySQL

MySQL（サーバ側およびクライアント側）の文字コードの設定方法を確認します．

▶ データベース

データベースの文字コードは，データベースを作成する CREATE DATABASE 文で以下のように指定します．このデータベース内に作られるテーブルやそのカラムの文字コードは，特に指定しない限り同じ文字コードになります．文字コードの記述方法が，一般的なものとは少し違うので注意してください（UTF-8 ではなく utf8．MySQL 5.5 以降では，Unicode の追加面に対応した utf8mb4 も利用可能）．

```
CREATE DATABASE データベース名 DEFAULT CHARACTER SET utf8;
```

データベースの文字コードは「SHOW CREATE DATABASE データベース名;」で確認できます．

▶ mysql

コマンド mysql で利用する文字コードは，コマンドの起動時に以下のように指定します．ここで指定する文字コードは，データベースの文字コードと同一である必要はありません．Windows のコマンドプロンプトは Windows-31J（CP932）しか使えないので，コマンドプロンプトでコマンド mysql を使うときは，文字コードは cp932 にします[8]．Ubuntu や Mac では utf8 でかまいません．

---

[8] UTF-8 には含まれ，Windows-31J には含まれないような文字に関しては，文字化けが発生することになります．また，Windows-31J に重複して登録されている文字は，データベースから取り出したときに元に戻らない可能性があります．

```
mysql -u ユーザ名 -p パスワード --default-character-set=文字コード
```

MySQL に接続してから「`SET NAMES utf8;`」（Ubuntu と Mac）あるいは「`SET NAMES cp932;`」（Windows）として文字コードを設定することもできます．

▶ Java からの接続

Java から MySQL に Connector/J で接続する場合には，クライアント側の文字コードを接続 URL 中の `characterEncoding` パラメータで指定します．ここで記述する名前は MySQL のもの（utf8）ではなく Java のもの（UTF-8）のものです．

```
Class.forName("com.mysql.jdbc.Driver").newInstance();
String url = "jdbc:mysql://localhost/データベース名?characterEncoding=UTF-8";
Connection conn = DriverManager.getConnection(url, "ユーザ名", "パスワード");
```

▶ PHP からの接続

PHP から MySQL に PDO で接続する場合には，次のように文字コードを設定します[9]．

```
$db = new PDO('mysql:host=localhost;dbname=データベース名', 'ユーザ名', 'パスワード',
              array(PDO::MYSQL_ATTR_INIT_COMMAND => 'SET NAMES utf8'));
```

▶ ファイルのインポート

ファイルからテーブルにデータをインポートする際には，ファイルの文字コードを UTF-8N（BOM なしの UTF-8）に，改行コードを LF にしておきます（9.1.1 項を参照）．

■ B.3.5 文字化け防止のためのチェックシート

よくある文字化けは，以下の項目を確認することで解決できるでしょう．

- HTML ファイルを UTF-8 で保存しましたか？
- MySQL のデータベースやテーブルの文字コードは適切ですか？「`SHOW CREATE DATABASE データベース名;`」や「`SHOW CREATE TABLE テーブル名;`」で確認できます（7.3.1 項も参照）．
- コマンド `mysql` の起動時に，オプション「`--default-character-set=文字コード`」を使いましたか？ Ubuntu と Mac では `utf8`，Windows では `cp932` を指定します．「`SHOW VARIABLES LIKE 'char%';`」で確認できます（7.4.3 項を参照）．
- MySQL にインポートするデータの文字コードを UTF-8N（BOM なしの UTF-8）に，改行コードを LF にしましたか？（9.1.1 項を参照）．

B.4 ウェブブラウザが利用する文字コード

ウェブブラウザから GET や POST を行う際に使われる文字コードについて説明します．

---

[9] 文字コードをデータベースへの接続時に設定する機能が，本書執筆時点には用意されていなかったため，接続後に設定しています．

B.4.1 フォームから送信されるデータ

ウェブブラウザが扱うすべてのデータはバイト列としてサーバに送信されます．文字列も例外ではありません．たとえば，「文字」という文字列を送信するには，まずバイト列にしなければなりません．文字コードが UTF-8 ならば「%E6%96%87%E5%AD%97」に，Windows-31J ならばバイト列は「%95%B6%8E%9A」になります[10]．各バイトを%で区切るこのような記法をパーセントエンコーディング（URL エンコーディング）といいます．

フォームを利用する場合，送信されるデータの文字コードは，そのフォームを含む HTML 文書の文字コードと同じです．図 B.2 のように，HTML 文書の文字コードが UTF-8 ならば，そのページから送信されるデータも UTF-8 のバイト列になり，HTML 文書が Windows-31J ならば，送信されるデータも Windows-31J のバイト列になります．

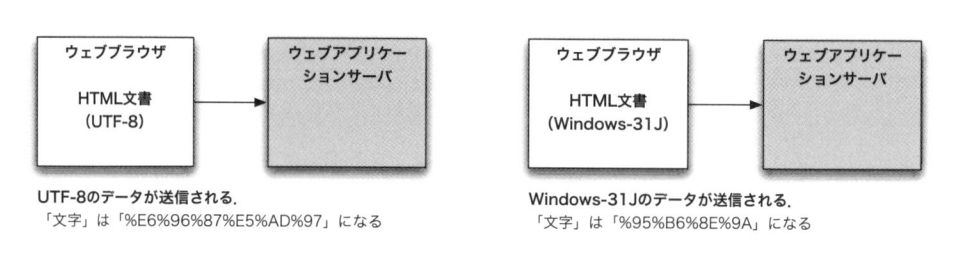

図 B.2　フォームから送信されるデータの文字コードはそのページの文字コードと同じ

演習：自分の名前の文字コード（UTF-8 と Windows-31J）を調べてください．

B.4.2　href 属性値としての URL

次のような a 要素を含んだ HTML 文書があるとします（これは Wikipedia 日本語版の「文字」の項目です）．

```
<a href="http://ja.wikipedia.org/wiki/文字">リンク</a>
```

フォームの場合と同様で，この URL は，この HTML ファイルの文字コードを使ってエンコードされます[11]．つまり，HTML ファイルが UTF-8 なら「http://ja.wikipedia.org/wiki/%E6%96%87%E5%AD%97」となり，HTML ファイルが Windows-31J なら「http://ja.wikipedia.org/wiki/%95%B6%8E%9A」となります．Wikipedia 側では UTF-8 のバイト列が送信されてくることを想定していますから，上の a 要素が有効なのは，UTF-8 の HTML 文書中のみです．

間違いを避けたいなら次のように書きます．

```
<a href="http://ja.wikipedia.org/wiki/%E6%96%87%E5%AD%97">リンク</a>
```

---

[10] 文字列からそのバイト列を知るには，GET のフォームを使うのが簡単です．テキストファイルをバイナリエディタで開いてもいいでしょう．漢字の UTF-8 コードなら Unihan Database Search Page（http://www.unicode.org/charts/unihansearch.html）でも調べられます．

[11] ここで扱っているのはドメイン名ではありません．国際化ドメイン名は別の方法で変換されます．

RFC 3986[12]によれば，URI (Uniform Resource Identifier) には予約文字と非予約文字があり[13]，これ以外の文字はパーセントエンコーディングを使わなければならないことになっています．

B.4.3　アドレス欄の URL

ブラウザのアドレス欄から「`http://ja.wikipedia.org/wiki/文字`」のような URL で，GET を行おうとすると，面倒なことになります．利用される文字コードが環境によって異なるためです．

Windows 上の Internet Explorer や Firefox では Windows-31J が使われていました[14]．それに対して，Opera や Safari，Mac や GNU/Linux 上の Firefox では以前から UTF-8 が使われています[15]．先の書き方で，期待どおりの GET を行えるのは，URL を UTF-8 でエンコードするブラウザだけです．

間違いのないようにするためには，やはり「`http://ja.wikipedia.org/wiki/%E6%96%87%E5%AD%97`」と書かなければなりません（これはあまり現実的ではありません）．

COLUMN　文字コードと漢字

文字コードについては矢野啓介『プログラマのための文字コード技術入門』（技術評論社，2010）がよくまとまっています．実際にプログラムを書きながら文字コードを学べる，深沢千尋『文字コード超研究』（ラトルズ，改訂第 2 版，2011）もあります．

文字コードに関する興味深い調査結果として，小形克宏「文字の海，ビットの舟――文字コードが私たちに問いかけるもの」(`http://internet.watch.impress.co.jp/www/column/ogata/`) があります．

JIS X 0213:2000 の字典としては，芝野耕司『JIS 漢字字典』（日本規格協会，増補改訂版，2002）があります．この字典には付録として JIS X 0208:1997 と JIS X 0213:2000 の規格票も載っています．「漢字が足りない！」などと JIS 漢字を批判する前に，この字典や豊島正之『JIS 漢字批判の基礎知識』(`http://www.joao-roiz.jp/mtoyo/on-JCS/index.html`) を読みましょう．

文字コードにとどまらず，「漢字」について深く考えたい場合は，小池和夫ほか『漢字問題と文字コード』（太田出版，1999）を読むといいでしょう．

コンピュータで「文字」を扱うことについては，ホフスタッター『メタマジック・ゲーム』（白揚社，新装版，2005）の第 12，13 章が参考になります．

---

12) RFC 3986 Uniform Resource Identifier (URI): 一般的構文 (`http://www.studyinghttp.net/rfc_ja/rfc3986`)

13) URI の予約文字は「`:/?#[]@!$&'()*+,;=`」，非予約文字は ASCII のアルファベットと数字，「`-._~`」です．

14) Firefox では，アドレス欄に「`about:config`」と入力すると現れる設定画面で，`network.standard-uri.encode-utf8` の値を true にすれば，常に UTF-8 が使われるようになります．

15) このような仕様はブラウザのバージョンによって変わる可能性があります．

索引

記号

'　41
"　41
.NET　13
<　41
&　41
&　41
'　41
>　41
<　41
"　41
\　4
¥　4
@Override　180

A

a　32, 190
ABS　127
Accept　62
Accept-Charset　62
Accept-Encoding　62
Accept-Language　62
Accept-Range　64
ACID　125
ACOS　127
ADDDATE　127
Adobe Reader　184
Adobe-Japan1-5　184, 185
Adobe-Japan1-6　184
Ajax　154
ajax　131
AJP　162
alt　36
ALTER TABLE　99, 113
ANALYZE　111
API 仕様　166

application　159
ArrayList　172
Arrays　175
ASCII　183
ASCII コード表　81
ASIN　127
ATAN　127
AUTO_INCREMENT　99, 137
AUTOCOMMIT　125
AVG　124, 128

B

background-attachment　46
background-color　45, 46
background-image　46
background-position　46
background-repeat　46
Berners-Lee, Tim　39
BIT　99
BIT_COUNT　128
BLOB　99
blockquote　36
body　39
BOM　146
border　47
border-collapse　46
border-color　46
border-style　34, 46
border-width　45, 46
br　36
BuddhistCalendar　170
button　54

C

Calendar　170

caption　34
CASE　126
catch　171
CDATA　51
CEIL　127
CHAR　99
CHAR_LENGTH　126
characterEncoding　189
CID　184
class　43, 45
clear　46
click　54
CMap　184
Collections　175
color　45, 46
COMMIT　125
Comparable　181
Comparator　181
compare　181
CONCAT　126
Connector/J　131, 189
content　46
Content-Encoding　64
Content-Length　64
Content-Type　64
contentType　79
Cookie　62, 91
COS　127
COT　127
COUNT　128
CP932　188
CR+LF　145
CRC32　127
Create
　HTTP における──　62
　SQL における──　102

索引

CREATE DATABASE　96
CREATE TABLE　98
CRUD
　HTTPにおける——　62
　SQLにおける——　101
CSRF　144
CSS　42
CSS3　47
CSV　146
CURRENT_DATE　27
CURRENT_TIME　127
CURRENT_TIMESTAMP　127
cursor　46
cut　118
C言語　5

D

DATE　99
Date　64
DATEDIFF　127
DateFormat　170
DATETIME　99
DB2　96
DBMS　92
DCL　125
dd　32
DDL　125
DECIMAL　99
DEFAULT　99
DEGREES　127
DELETE　62, 106
　HTTPにおける——　62
　SQLにおける——　106
Derby　96
DESC　98, 109, 124
DESCRIBE　98
DIGEST認証　139
display　46
DISTINCT　108
DIV　127
div　45

dl　32
DML　125
Dojo　52
DOUBLE　99
DROP DATABASE　97
DROP TABLE　98
dt　32

E

Eclipse　24
em　37
emダッシュ　41
encodeURI　65
encodeURIComponent　65
enダッシュ　41
ER図　114
escape　65
ETag　62, 64
EUC-JP　183
EXP　127
EXPLAIN　112
EXTRACT　127

F

finally　171
find　7, 167
Firebird　96
Firebug　55
Firefox　30
FLOAT　99
float　46
FLOOR　127
font　43
font-family　46
font-size　43, 45, 46
font-style　45, 46
font-weight　46
FORMAT　128
FULLTEXT　112
function　55

G

Geocoder　59
GET　62
GlassFish　24, 78, 161, 187

GNU/Linux　15
Google Maps API　56
Google Web Toolkit　9
GRANT　129
Greasemonkey　51
GREATEST　127
GregorianCalendar　170
group　167
GROUP BY　108, 124
Guest Additions　19

H

h1–h6　31
HashMap　175
HashSet　174
HAVING　109, 124
head　7, 39, 187
height　46
HEX　126
Host　62
href　190
HTML　31
html　39
HTML Validator　37
HTML5　35, 40, 75, 187
HTTP　61
HTTPS　139
HttpSession　89
HttpURLConnection　69
HTTPクライアント　61, 66
　Javaによる——　69
　PHPによる——　70
HTTPメソッド　62
HTTPリクエスト　61
HTTPレスポンス　63

I

IANA　187
id　45
IDE　10
IF　126
If-Modified-Since　62
If-None-Match　62
img　36
import　79

INDEX　112
Ingres　96
InnoDB　116, 125
INSERT　102
INSERT IGNORE　103
INT　99
INTEGER　99
Integer　85
INTO OUTFILE　110
ISO-2022　183
ISO-2022-JP　183
ISO-8859-1　183
ISO/IEC 10646　184
isset　87
Iterator　174

J

Java EE　13
JavaScript　8, 51, 60, 179
JavaServer Pages　78
JDBC　131
JDK　22
JIS X 0201　183
JIS X 0208　184
JIS X 0212　184
JIS X 0213　184
JIS X 0221　184
JIS 漢字　184
JIS 参照文字　186
join　118
jQuery　60
JSON　55
JSONP　75
JSON 処理
　JavaScript での──　74
　PHP での──　73
JSP　78, 156

K

K&R　5
KEY　112

L

LAMP　13
Last-Modified　64
Latin 1　183
LEAST　127
LEFT　126
LF　145
li　33
LIMIT　147
LinkedList　173
Linux　15
List　173
list-style-image　46
list-style-type　32, 46
LN　127
LOCATE　126
Location　64
LOG　127
LONGBLOB　99
LONGTEXT　99

M

Map　175
margin　46, 47
Matcher　167
MAX　128
MD5　128
MEDIUMBLOB　99
MEDIUMTEXT　99
MIN　128
MOD　105, 127
Mono　13
Monolithic JSP　156
MooTools　52
MVC　156
MyISAM　116
MySQL　93
mysql　95
MySQL Connector/J　131
mysqldump　111
MySQLi　135
MySQL 拡張モジュール　135

N

NetBeans　23
NOT NULL　98
NULL　98

O

OAuth　138
ol　33
ON DUPLICATE KEY　103
OpenID　138
OpenType　184
OPTIMIZE　111
Oracle　96
ORDER BY　109, 124
out　80

P

p　32
padding　46, 47
page　159
pageEncoding　79
page ディレクティブ　79
PATH　94
Pattern　167
PDO　135, 189
PDT　24
PEAR　70
PEAR DB　135
PEAR MDB　135
PEAR MDB2　135
PHP　82
phpMyAdmin　106
PI　127
POJO　156
position　46
POST　62
PostgreSQL　96
POWER　127
pre　36
PRIMARY KEY　99
Prototype　52
PUT　62

Q

q　36

R

RADIANS　127
RAND　127
rawurlencode　65
RDB　93

RDBMS　93
Read
　HTTPにおける──
　　62
　SQLにおける──
　　103
ready　53
Referer　62
REPEAT　126
REPLACE　126
replaceAll　135
request　159
REST　161
RESTful ウェブサービス
　　161
REVOKE　130
RFC　65
RFC 1149　65
RFC 2616　61, 65
RFC 3986　65, 191
RFC 4395　65
RFC 5321　61, 65, 169
RGB　45
ROUND　127
Ruby on Rails　13

S

SELECT　103, 108
Senna　112
Server　64
Servlet　77
session　159
Set　174
Set-Cookie　64
SHA1　128, 138
Shift_JIS　183
show　54
SHOW DATABASES
　　96
SHOW TABLES　98
SIGN　127
SIN　127
SOURCE　111
span　43, 45
SQL　8, 100
SQL Server　96
SQL-92　99

SQLite　96
SQLインジェクション
　　143
SQRT　127
src　36
static　165
STDDEV　128
STDDEV_POP　128
STDDEV_SAMP　128
str_replace　137
StringBuilder　166
strong　37
style　43
SUBSTR　105, 126
SUBSTRING_INDEX
　　126
SUM　124, 128

T

table　34
TAN　127
td　34
TEXT　99
text-align　45, 46
text-decoration　46
th　34
this　177
TIMEDIFF　127
TIMESTAMP　99
Tomcat　187
toString　81
tr　34
TRIM　126
TRUNCATE　106, 127
try　171
Twitter API　71

U

Ubuntu　18
UCS　184
ul　33
UMLクラス図　176, 180
UNHEX　126
Unicode　184-186
Unicodeスカラー値　184
Unix　118
UPDATE　105

HTTPにおける──
　　62
SQLにおける──
　　105
URI　64, 191
urlencode　65
URLEncoder.encode
　　65
URLエンコーディング
　　65, 190
URN　64
USE　97
User-Agent　62
UTF-16　183, 186
UTF-8　183, 186
UTF-8N　145

V

VAR_POP　128
VAR_SAMP　128
VARCHAR　99
VirtualBox　16
visibility　46
VLOOKUP　118

W

W3C　49
WAR　162
Web　3
width　45, 46
Wikipedia　190
Windows-31J　11, 183, 188
WORA　2
World Wide Web　3
WWW　3

X

X-HTTP-Method-Override
　　131
XHTML　39
XHTML 1.0 Strict　39
XMLHttpRequest　75
XMLの処理
　Javaでの　72
XML宣言　39, 40

索引

XSS　143

Y
YSlow　60
YUI　52

Z
z-index　46

あ行
アクセシビリティ　50
アクセス管理　93
アクセス権　129
アクセッサ　177
アドレス欄　191
アノテーション　180
アンチパターン　156
暗黙オブジェクト　80
異体字　185
一貫性　125
色　45
インスタンス　178
インデックス　111
インポート　112, 145, 146
引用　36
引用符　36, 41
インライン要素　45
ウェブ　3
ウェブアプリ　1
ウェブアプリケーション
　　　サーバ　1
ウェブサービス　3
ウェブデザイン　49
ウェブ標準　49
ウェブブラウザ　30
ウェブページ　1
永続性　125
エクスポート　110
円記号　4
オーバーライド　180
オブジェクト　176
オブジェクトリテラル　55
親クラス　180

か行
改行　36
改行コード　145
楷書体　185
外部キー　117
外部キー制約　111
隔離性　125
可視性　176
箇条書き　32
画像　36
仮想マシン　15
カーディナリティ　114
基底クラス　180
教育漢字　184
強調　37
クチ高　185
クッキー　91
クラス　45, 176
クラスライブラリ　166
グレゴリオ暦　170
クロスサイトスクリプティン
　　　グ　143
クロスサイトリクエスト
　　　フォージェリ　144
継承　180
ゲッター　177
原子性　125
康熙字典　185
構造体　176
国際文字集合　184
子クラス　180
コマンドプロンプト　188
コミット　125
コメント
　JSPの──　79
　SQLの──　98
コレクション　171
コンストラクタ　179
コンソール　4
コントローラ　156

さ行
サニタイジング　85, 86
サニタイズ　88
サブクラス　180
サーブレット　77
式タグ　81
字形　184
字体　184
実体関連図　114
終了タグ　31, 36, 40
主キー制約　99, 111
常用漢字　184
書体　185
シンボリックリンク　94
人名用漢字　184
数値文字参照　41
数独　100
スキーマ　93
スクリプト挿入攻撃　85, 143
スクリプトレット　80
スコープ　159
スタイルシート　42
スタイルファイル　44
ステートレス　89
ステータスコード　63
ストアドルチン　128
ストレージエンジン　116
スーパークラス　180
スマートフォン　30
正規化　115
正規表現
　Javaの──　166
　MySQLの──　103
整形済みテキスト　36
セッション　89
セッションアダプション
　　　139
セッション固定攻撃　139, 143
セッター　177
セマンティックウェブ　42
セレクタ　44
宣言タグ　81
センタリング　45
操作　176
送信ボタン　68
属性　36, 41, 176
ソーティング　175
ソート　175

た行
第1～4水準漢字　184
高島屋　185
タグ　31
　終了──　31
段落　32
チェックボックス　67, 85

索引

直積　118
ツチ吉　185
テキストエリア　68
テキストボックス　67
デザイン　49
デザインパターン　156
データ型
　　MySQL の――　99
データベース　1, 96
　　――の削除　97
　　――の作成　96
　　――の利用　97
データベース管理システム
　　92
デフォルトコンストラクタ
　　179
テーブル　93, 97
　　――の削除　98
　　――の作成　97
　　――の変更　99
伝書鳩　65
転送（リダイレクト）
　　JSP での――　140
　　PHP での――　140
統合開発環境　10
ドキュメントルート
　　Ubuntu の――　21
　　Windows の――　22
　　Mac の――　22
特殊文字　41
独立性　92
トランザクション　125
トリガ　128
ドロップダウンメニュー
　　68

な行

二重引用符　41
認証　138

は行

背景色　45
排他制御　92
配列　172
パッケージ　176
ハシゴ高　185
パスワード　67

派生クラス　180
パーセントエンコーディング
　　65, 190
バックアップ　111
バックスラッシュ　4
パディング　47
非推奨要素　43
ビット演算　128
非表示パラメータ　68
ビュー　156
表　34
標準偏差　128
フィールド　176
フォーム　66
フォワード　160
フォントサイズ　43
符号化方式　184
符号化文字集合　184
ブックマークレット　51
プランナ　112
プリペアードステートメント
　　144
フルテキストインデックス
　　112
フレーム　48
プロキシサーバの利用
　　Java での――　70
　　pear での――　71
　　PHP での――　71
ブロックレベル要素　45
プロパティ　44, 55
分散　128
文書型宣言　39
ページレイアウト　48
包摂　184
ボーダー　47
ボックス　47
ボックスモデル　47

ま行

マークアップ言語　31
マージン　47
マッシュアップ　152
見出し　31
明朝体　185
メソッド　176
文字コード　184

HTML の――　40, 187
JSP の――　187
MySQL の――　100, 188
mysql の――　188
PHP の――　188
Wikipedia の――　190
ウェブブラウザの――
　　189
フォームの――　190
メールの――　183
文字参照　41
文字実体参照　41
文字集合　184
モダンブラウザ　30
モデル　156

や行

ユーザーサイドスクリプト
　　51
郵便番号　145
ユーザ認証　138
ユニーク制約　111
ユニバーサルデザイン　50
ユリウス暦　170
要素　31

ら行

ラジオボタン　67
リアルタイム検索　154
リスト　32, 173
リセットボタン　68
リダイレクト　160
　　JSP での――　140
　　PHP での――　140
リレーショナルデータベース
　　93
リレーショナルデータベース
　　管理システム　93
リンク　32
ループ　173
レイアウト　48
例外　170
ログイン　138
ロールバック　125

わ行

ワンタイムトークン　144

監修者略歴

佐久田　博司（さくた・ひろし）
- 1979 年　東京大学工学系大学院修了（工学博士）
- 1981 年　株式会社日立製作所日立工場入社
- 1984 年　長岡技術科学大学機械系助手
- 1988 年　長岡技術科学大学助教授
- 1992 年　青山学院大学理工学部助教授
- 1997 年　マサチューセッツ工科大学客員助教授
- 2004 年　青山学院大学理工学部教授
  - 現在に至る

著者略歴

矢吹　太朗（やぶき・たろう）
- 1998 年　東京大学理学部天文学科卒業
- 1999 年　東京大学大学院理学系研究科天文学専攻中退
- 2004 年　東京大学大学院新領域創成科学研究科基盤情報学専攻修了
- 2004 年　博士（科学）
- 2004 年　青山学院大学理工学部助手
- 2007 年　青山学院大学理工学部助教
- 2012 年　千葉工業大学社会システム科学部准教授
  - 現在に至る

Web アプリケーション構築入門（第 2 版）　© 佐久田博司・矢吹太朗　2011

2007 年 7 月 31 日　第 1 版第 1 刷発行	【本書の無断転載を禁ず】
2011 年 4 月 20 日　第 2 版第 1 刷発行	
2014 年 2 月 20 日　第 2 版第 4 刷発行	

監　修　者　佐久田博司
著　　　者　矢吹太朗
発　行　者　森北博巳
発　行　所　森北出版株式会社

東京都千代田区富士見 1-4-11（〒 102-0071）
電話 03-3265-8341 ／ FAX 03-3264-8709
http://www.morikita.co.jp/
日本書籍出版協会・自然科学書協会　会員
JCOPY ＜(社)出版者著作権管理機構　委託出版物＞

落丁・乱丁本はお取替えいたします　　　　印刷・製本／丸井工文社
　　　　　　　　　　　　　　　　　　　　カバーデザイン／トップスタジオデザイン室
　　　　　　　　　　　　　　　　　　　　　　（轟木亜紀子）

Printed in Japan ／ ISBN978-4-627-84732-3